2010 年 4 月 29 日，在上海世博会即将开幕之际，孙岩在生命阳光馆饱含深情地为胡锦涛总书记演奏了一首钢琴曲《江山》

迄今，改革开放30年，我是实践者，是受益者，更是我国教育战线取得丰硕成果、残疾人事业蓬勃发展的见证者。我所取得的一切成绩都离不开亲人给予的爱、社会给予的爱、学校给予的爱、恩师给予的爱！

——孙岩

（柴建民摄影）

青年盲人钢琴演奏家孙岩的励志故事

你可以不完美

——成就梦想的5堂必修课

夏天　周云波　著

求真出版社
Questruth Press

图书在版编目（CIP）数据

你可以不完美——成就梦想的5堂必修课／夏天，周云波著. —北京：求真出版社，2013.8

ISBN 978－7－80258－201－9

Ⅰ.①你… Ⅱ.①夏… ②周… Ⅲ.①成功心理—通俗读物 Ⅳ.①B848.4－49

中国版本图书馆CIP数据核字（2013）第162252号

你可以不完美——成就梦想的5堂必修课

著　　者：夏　天　周云波
责任编辑：包国红　贺世民
出版发行：求真出版社
社　　址：北京市西城区太平街甲6号
邮政编码：100050
印　　刷：北京汇林印务有限公司
经　　销：新华书店
开　　本：680×960　1/16
字　　数：115千字
印　　张：12.25
彩　　插：1.5印张
版　　次：2013年9月第1版　2013年9月第1次印刷
书　　号：ISBN 978－7－80258－201－9/B·20
定　　价：28.00元
编辑热线：（010）83190265
销售服务热线：（010）83190297　83190289　83190292

目录

Contents

第2课　自己创造好运

第3课　坚守自己的梦想

第4课　打造成功品质

引子

冬春交际的横滨，干净，清宁。这是一座在二十世纪八十年代就已经遥望二十一世纪的城市，巨大的时钟摩天轮，分分秒秒旋转着时空的弧度。白色的横滨标志塔（Landmark tower）高耸入云，与之遥遥相望的是建于二十世纪初期的颇具洛可可建筑风格的红砖仓库——仅仅是走过一道白色的桥梁、穿过一片青草地的公园，便仿佛一下子从那摩登现代的气氛穿越到横滨曾经的古雅时代——海港飘来的微风轻拂面颊，澄蓝的天空映射在港口平静的海面上。这一切，都仿佛要为这个冬天书写一个格外明媚的句点。

就在这个宁静的小城，第一届国际残疾人钢琴比赛即将拉开帷幕。

孙岩在母亲的陪伴下来到了横滨。先天失明的他无法欣赏眼前的美景，却透过呼吸与聆听感受到这座小城的安宁。这令他渐渐从紧张与激动中舒缓下来。从三岁开始摸琴，孙岩一路刻苦学习、训练弹琴，如今他已经是中央音乐学院大学三年级的学生，他的导师杨峻先生正是此次国际残疾人钢琴比赛的评委之一。十余载光阴，经历了无数和着汗水和泪水的艰辛日月。此次横滨之行，孙岩将第一次登上国际钢琴大赛的舞台。他总觉得自己尚未准备好，一贯自信的他有些心怀惴惴面对这一刻。

而此时此刻，孙岩的母亲沙彦华女士亦是百感交集。她看着身边先天失明的儿子始终步伐稳健，毫无犹豫与畏缩，保持着良好的仪态前行。沙彦华知道，像以往参加过的数十次大大小小的比赛一样，这次大赛也许将成为儿子的又一次良好机遇，但无论成功和失败，同样都会影响着儿子今后的心态，日后很有可能会成为儿子所无法逾越的挑战和障碍。沙女士的脑海中浮现出不久前在中央音乐学院的教室里，杨教授为孙岩做赛前训练辅导的画面：

坐在钢琴前，孙岩不知是第几十次弹奏着他改编的参赛曲目《樱花》，杨教授时而沉吟凝听，时而轻轻地打断孙岩，指点他一些细节技巧和演奏情绪。师徒二人完全沉浸在音乐中，沙彦华默默地站在教室的角落，用镜头记录他们。孙岩演奏的时候，她能够看到杨教授眼中殷切的期待，也能够从教授的嘴角看到欲言又止的犹豫。最后，杨教授轻轻地在黑板上写下四个字——祝你成功，然后又慢慢地用红笔一个字、一个字地圈起来。一瞬间，沙彦华的眼睛湿润了，这四个字，包含了教授太多无以表达的深情。像是一种默契，沙彦华也什么都没有说，只是拉近了镜头，拍下了这四个大字。

是啊，第一次参加这样的国际大赛，无论是孙岩、杨教授，还是沙彦华，他们都充满了成功的渴望，却又不敢让这根渴望的弦绷得太紧。

这次比赛有来自世界16个国家、一百多名参赛选手，大赛评委除了来自音乐学院的教授或艺术学员外，还有一些与音乐无关的其他领域专家，如心理专家、在残疾人事业或者某方面有特别贡献的人。这是一次真正高难度、高水准、综合考验的竞赛，将考验参赛者包括心理、艺术、文学等方面的综合素养。比赛分三轮按淘汰制进行：初赛自选曲目；复赛采取单独报名方式，实际上最终进入复赛的只有33人；决赛将只角逐出金、银、铜三名优胜者。

在初赛中，孙岩以肖邦的《波兰舞曲》轻松入围。这支回旋华丽的曲子，充满了激扬的斗志与昂扬的乐观情绪，是孙岩最喜欢的曲目之一，也恰恰体现了他此时此刻的参赛心境。是的，就像以往每次比赛一样，在走上舞台的刹那，孙岩已经摒弃了之前所有的忐忑和忧虑，全神贯注地投入到自己的音乐世界中。

按照大赛的要求，复赛和决赛曲目都是评委会规定的改编曲目《樱花》。选手可以选择他人改编，然后自己演奏，或是亲自改编并演奏。改编曲目对孙岩来说并不陌生，以前跟同学们排演一些小型室内音乐会，或是在练曲之时，孙岩经常会有一些出其不意的灵感，将一些小曲目即兴改编，这个小小的爱好曾令同学们交口称赞。杨教授得知后也鼓励孙岩勇敢尝试。因此，孙岩决定亲自完成整支曲子的改编。

对于《樱花》这首日本小调，孙岩并不陌生。在2001年至2002年期间，他几次去往日本之时，时常听到这支曲子。这支相当于日本第二国歌的曲子，旋律优美浪漫而又隐隐流露出淡淡忧伤，每次听到，孙岩都会陶醉其中。

无法看到樱花，孙岩只能通过杨老师的讲解来了解樱花所隐含的日本文化。而音乐往往更能够赋予樱花另外一番胜境，当手指在88枚琴键间上下翻飞，孙岩仿佛闻到了淡淡的花香，这香气轻柔温婉，像花瓣轻轻掠过脸颊，又像那烂漫遍野的樱花所凝聚成的浮云，轻盈曼妙地飘过春天，飘过整个日本岛……孙岩改编的《樱花》采用了三段式：第一段便是这样柔美淡雅，充满对于樱花季节的联想。在第二段中，孙岩别出心裁地加入了另一首日本民歌《斯巴鲁》。斯巴鲁是日本天空中的一个星团，它由七颗肉眼可见的蓝色星星组成。有别于日本常见的小调民歌，这支民歌采用大调，旋律时而深沉时而激昂，在改编中，孙岩用音乐表现了风声、海浪、大炮、钟声和渐行渐远的祈祷。第三段又重新回到《樱花》的主旋律，渐渐安静，曲调更加凝练整洁，表达着日本民族的团结奋进。在结尾处，孙岩用极其低沉的钟声处理，回荡着深深的思考……

复赛在一间不大的钢琴教室里举行。各路评委以及观众围住钢琴，音响效果有些不尽如人意，孙岩敏感地感觉到空间的局促。他有些急躁，成功的渴望令他在音乐中的表达过于热切。而在平时的学习和演奏中，孙岩总是能够遵循杨教授的教导：要有修养，不要任何多余的东西。杨教授绝对不允许自己的学生在演奏时有任何夸张的姿态。

复赛的结果不出所料，孙岩的失常表现令他排在了第二名的位置，第一名是一位来自俄罗斯的略微有些跛脚的女选手。孙岩与作为评委的杨教授，在赛后有了一个短短五分钟的碰面。虽然杨教授完全能够理解孙岩求胜心切的心情，但他仍然用一贯严厉的口吻告诫孙岩：

“在演奏中，最重要的是音乐。音乐是优美的，要对自我有所控制。离开了音乐本身，就只剩下卖力的表演了！”

是啊，自己的演奏过火了，对自我完全失去了控制。在用双手琶音表现一串风声时，那应该是阳春三月轻柔的和风，飘忽不定；而自己却无法控制地弹奏得过重，风声“哗哗”一片，好像吹掉了一地铁片。孙岩冷静了下来。

坐在决赛的钢琴前，孙岩完全投入到了自己演奏的作品当中——

阳春三月，粉红的樱花烂漫盛开，多情少年站在樱花丛中与朋友话别。他向朋友挥手，呼喊着他的名字，樱花飞舞，伴随一路。朋友的背影渐渐远去，而笑容却清晰地浮现在他的眼前。他在心中默默祝福，为他祈祷充满光辉的未来……朋友，让我们一起踏上春日的旅途，在观赏樱花的同时，一起感受生命绽放之中流露出的希望与真谛……樱花盛开时间虽然短暂，却能在飘落的瞬间绚烂飞舞，沐浴那耀眼的光芒，直到永远……乐曲在中间段落，将其蕴含的情感推向高潮，曲调也由最初的宁静悠远，变为激昂振奋。悠扬的背后透出一种淡淡的离别的凄凉，还有一种让人心痛的对未来的挑衅，锋芒毕露，仿佛把那些淡淡粉色的樱花堆积成无数的灵魂，最后成就了一个野性而不屈的民族……高潮过后，乐曲又渐渐平静下来。随着思绪的转移，乐曲赋予樱花的内涵在变，乐曲的节奏也在变。乐曲结尾再次回到悠远宁静中，以无尽的美感，表现出一种神韵，轻轻地、静静地，最后一个音符好像越走越远的钟声，在山谷中回响……

一曲终了，全场爆发出热烈的掌声，许多观众都是和着泪水在激动地鼓掌。大赛评委会宣布，此次国际残疾人钢琴比赛的金奖获得者是孙岩。

孙岩成功了。颁奖音乐厅里响起了国歌，孙岩感慨万千，有喜悦与激动，更有骄傲和被认可的兴奋。手握金牌向观众致意的刹那，孙岩泪流满面。这一刻，浇注了他十几年拼搏的泪水、汗水、欢乐与伤痛；这一刻，承载了母亲、父亲、妹妹以及整个家族亲人的艰辛努力和期盼；这一刻，更凝聚了多年来诸位恩师、朋友乃至社会各界的倾心教诲与无私扶助。

孙岩，一位盲人钢琴演奏家，一个用音乐谱写光明的传奇。他那充满奇迹的经历，好似5堂关于成长、关于成功的人生主修课，勉励着许许多多正在奋斗之路上奔跑的年轻人。

第 *1* 课
爱是不抛弃不放弃

触摸爱，宛若触到了宇宙之源——我今天所获得的每一分成绩，背后都饱含了父母和整个家族所赋予的爱的正能量。

——孙岩

甫一来到人世的婴儿，往往被成人们急于赋予各种技能：吃饭、喝水、日常习惯、摸爬、走跳……然而最为重要的一种能力，往往被忽视、淡化，那就是“爱”的能力。感知爱、接受爱、体悟爱、付出爱，生而为人，爱的本能会成为一切力量的源泉。不论体魄健全，抑或是身有残疾，只要真正拥有了“爱”的正能量，一切奇迹皆有可能。

不放弃的爱充满正能量

“一尺三寸婴，十又八载功。”从古至今，有过无数歌颂母爱的篇章与诗句。这句诗用来形容孙岩的母亲沙彦华，是最为朴实、恰当的。

时间回到1983年11月。对于吉林长春一个普通家庭来说，这短短一个月，他们经历了从天堂到地狱的过程。年过而立的孙富强、沙彦华夫妇迎来了他们的第一个孩子。这是一个壮实的男婴，他们为他取名“孙岩”——有山有石，父母希望儿子像山一样刚毅，像石一样坚强，抵得住任何风吹雨打。然而喜悦还没来得及消化，家中的长辈就发现了孩子的异常：已经过去四五天了，孩子还没有睁开眼睛……

带着孩子去医院检查，医生说：“孩子是先天眼疾，很少见，很难治愈。”

医生的一番话犹如最残酷的判决，令原本幸福的一家人沉入冰海。

难怪这个孩子自出生就一直哭个不停，他的世界一片黑暗啊……

沙彦华还没有来得及享受初为人母的甜蜜与喜悦，便迅速背负起了常人难以承受的重担。她究竟流过多少眼泪，抱着孩子跑过多少家医院，操劳过多少个不眠夜，有过多少自责、伤心与绝望，踏入过多少次充满希望又最终失望的深渊，谁都无法计数。她的心，究竟有多疼，常人难于理解。

然而，沙彦华和家人，乃至他们的整个家族，最终毅然地接受这一切，一天天、一年年地将孙岩抚育成人。不仅如此，他们还赋予孙岩梦想的翅膀，让他能够乘着音乐，自由自在地遨游天下。

一个弱小而带有先天残疾的生命，最初在这个世界得以生存的全部力量，就是源自家庭的爱。孙岩说：“我今天所获得的每一分成绩，背后都饱含了父母和整个家族所赋予的爱的正能量。”

最初，有人悄悄指点孙富强：“把这个婴儿装进篮子挂在小草棚里，用不了多久他就会默默离开人世。”这个方法在民间并不少见，一个先天残障的孩子，给家庭带来的负担常常是难以想象的。摆脱这样的重负，同时也让这个不幸的孩子脱离苦难，人们都会予以理解。但是孙富强和沙彦华接受不了这样的建议。无论如何，那是他们的骨肉，他们决定付出百倍于常人的努力，给孩子治病，养育他长大成人！

这是一个坚韧和充满爱的大家庭。整个家族的亲人都乐于付出一己之力帮助这对夫妻。沙彦华的母亲，年逾花甲的老人因为孙岩搬到了二女儿家里，帮助照顾女儿一家。

养育了七个儿女的老人向其他子女郑重作出解释：“你们七个孩子，手心手背都是我的肉，我都一样心疼，谁家有难处我帮谁。现在你二姐家的孩子需要人照顾，我就搬到她家去。”

老人还用她朴素的人生观给女儿打了一剂强心针：“人生不顺常八九，孩子已经这样了，伤心是没有用的，要承担起照顾孩子的责任，好好培养他才是。”

家族中的其他亲人也同样热情地关注着小孙岩的成长，他们经常让自己的孩子们去探望和陪伴孙岩。邻里朋友们也受到这家人的感染，让小孩子们常常聚在孙岩家里玩耍，令这里成了一个“孩子营”，一度陷于冰冷的家庭重新迎来了笑声和欢乐。

对于一个普通的中国家庭来说，常年治病就医，经济上的压力会令人喘不过气来。孙富强和沙彦华原本都各自拥有稳定的工作。孙富强从吉林省军区复员，被分配到长春市第一光学仪器厂做质检工作，不久就成为一名优秀的共产党员，并参加在职学习攻读光学专业知识，工作环境舒适。沙彦华从吉林省洮儿河农场返城后，被分配到一家商场做出纳员。这本是一个虽称不上富裕却安稳殷实的家庭。然而几年时间，为了给孙岩四处求医治病，家里已经欠下了不少外债，更谈不上积攒以后供孙岩读书的钱。

1987 年，孙富强瞒着妻子，辞去公职做起了生意。在上世纪八十年代，一名共产党员扔掉手中的“铁饭碗”，需要很大的决心和勇气。孙富强走出了原本温暖舒适的办公室，每天凌晨三四点推着一辆破旧的自行车去批发市场进货，然后再推到露天市场摆摊叫卖。这样一趟，单程也有十多里路。无论刮风下雨盛夏隆冬，孙富强都咬牙坚持着。

然而更多的压力来自舆论。很多人对性格安稳不善言辞的孙富强发出质疑：这样的性格还能做生意？放着有良好前途的工作不要，跑去做买卖，太傻了吧……

对于人们的诸多议论，孙富强只能保持沉默——他原本可以向人们解释清楚：自己需要钱去偿还债务、去给孙岩寻找更好的医院就医；这些钱都解决之后，他还需要更多的钱

年幼的孙岩和爸爸在一起

孙岩两岁时

孙岩三岁时

孙岩四岁时

为儿子铺设一条良好的人生发展之路。这是一条什么样的路呢？孙富强自己也无法解释。

孙富强的秘密辞职还是被沙彦华发现了。只有她，不需要任何解释就理解了丈夫的一番苦心。她不仅追随丈夫辞去公职做起了生意，还通过学习专业的服装设计开办了服装厂。从自主设计生产到营销，沙彦华全盘负责，她很快在长春繁华地段开设了多家服装摊点，生意很是兴旺。

这正是孙岩不幸中的万幸，他的父母不仅没有被不幸的命运打倒，或是向命运妥协、放弃自己的孩子，反而携起手来直面这一切挑战。

正如沙彦华所说的："面对苦难，只有接受它才能战胜它。"

然而，高高在上的命运有时候会同人们开一些残酷无情的玩笑，它仿佛在说："看，你偏是不相信，那我就让你彻底信服！"它仿佛要故意考验人们是否足够坚韧、足够勇敢，便一而再再而三地将他们推入绝望的深渊。

三岁那年，孙岩由父母带领来到北京接受眼科手术——据说他的眼睛还有很大的复明希望。然而这个令一家人充满希望的手术竟然失败了，孙岩彻底坠入了黑暗的谷底。第二次沉重的打击一度使沙彦华陷入了绝望，她甚至想到带着幼小的孙岩一起结束生命。

然而性格坚韧的她，再一次说服自己坚强地站了起来。

“面对孩子的不幸，只有父母自己先从阴影中走出来，孩子才能有幸福可言。”沙彦华对自己和家人说：“只要有我在，我就不会让孙岩成为一个‘残疾人’！”

这位坚强而明智的母亲接受了儿子失明的事实，同时又不可思议地向世人宣告：除了眼睛，孙岩的一切都可以改变！

这样永不言弃的爱，充满了强大的正能量，它改变了孙岩的命运……

用心体会发现天赋才能

黑暗。

它犹如一只巨手，扼住了所有欢乐。

只有孤独，只有恐惧，

连一次偶然的额外奖励都没有。

甚至挥手猛力地搅动，黑暗依然纹丝不动，

连一丝光亮都不透露……

然而，生命是何等顽强。在这样密致得令人压抑绝望的黑暗中生活的孙岩，依然快乐，这是多么令人怦然心动！

早春的小燕子啾啾衔泥筑巢，夏日里蝉噪高柳，秋夜的瑟瑟虫鸣，冬天里的呼啸寒风……外界的各种声音都能让孙岩侧耳倾听。三岁的孙岩像其他孩子一样活泼好动，甚至表现得比健全孩子更加勇敢、热切、好奇。他常常问这问那，经常要求亲自摸一摸、尝一尝。

“积木是什么样的？”“什么是塑料？皮球是什么样的？”“什么样的东西是圆的……”孙岩在努力调动幼小身体里的一切感官去了解和投入这个世界。

一粒小小的种子萌芽，那晶莹嫩绿的细芽，是多么令人欣喜、多么令人珍爱、多么令人充满希望啊！面对孩子，人们心中总是忍不住憧憬，希望他慢慢成长为一棵动人的小树，渐渐茁壮，枝繁叶茂，在风中欣欣然地舞动着生命。

幼小的孙岩最喜欢多雨的季节，最喜爱听到那“滴答”的雨声。四合院里的房屋已经陈旧了，每逢雨季，房子里总要伴着户外的大雨下些“小雨”，大人们于是用各种器皿接雨。“滴答、滴滴答”，“叮咚，叮叮咚”……雨水滴在铁的、铝的、陶瓷等各种器皿上，有时匆匆急促，有时缓慢缠绵，和着打在窗户上、滴在屋檐下的雨水，此起彼伏。这真是大自然赐予处在黑暗中的孩子的最美妙“奏鸣曲”。每每此时，孙岩听得如痴如醉。即使正在哭泣，只要听到这些“曲调”，孙岩就会立即停下来，兴致勃勃地倾听。父母看在眼里，就为他买来一台收音机，让他听音乐，听故事。从此，收音机成了他的亲密伙伴，日日夜夜不离身。

邻家的孩子有架小电子琴，经常有弹奏声传来。美妙的琴声常常吸引着孙岩站在邻居家门口听，有时一听就是半晌。

有一天，奶奶对孙富强夫妇说：“今天孙岩又去邻居家听琴，人家孩子不弹了，他就哭，说什么也不肯回家……”

无意的一句话触动了孙富强，他立即跑到商店里花150元给孙岩买了一架小电子琴——这些钱在当时相当于夫妻二人两个月的工资。

沙彦华忍不住责怪丈夫溺爱孩子：“他根本不会弹，而且弹琴的声音还会影响邻居啊。”于是，电子琴被沙彦华收了起来。

一天，孙岩大姨带着女儿来到家里。孙岩立刻跟大姨诉说自己的愿望：“爸爸给我买了琴，我想弹，可妈妈不让……”大姨说服了刚刚下班回来的沙彦华让孙岩试着弹奏一曲。

孙岩在他有生以来的第一批“观众”面前，演奏出了当时流行在街头巷尾的歌曲——《妈妈的吻》。孩子竟然无师自通地学会了弹琴，这让当时在场的亲人都感到惊喜和振奋。面对儿子送出的这份珍贵礼物，沙彦华激动地流着泪、抱着孙岩亲了又亲。这真好像是在一片黑暗中，有人推开了一扇窗，让金灿灿的阳光照进了这个家庭。

上天赋予我们生命，同时也让我们每个人都肩负着使命而来到这个世界。即便身体有某些缺陷，即使遭受了重大的挫折和伤害，但如果能够及早发现并始终不忘记自己最初那份使命感的萌动，他也一定能够拥有完满的人生。

一时间，找一位老师教孙岩学琴成了全家人的头等大事。然而，当沙彦华带孙岩去拜访一些音乐教师的时候，他们都因为孙岩是个盲孩子而婉言拒绝了。

只有沙彦华和家人，始终将孙岩这份小小的“天赋”视如珍宝。

一晃又是一年，孙岩已经四岁。借着春节家人团聚的机会，爷爷向家里的一位亲戚、当时在吉林省戏曲学校（现改名为现代艺术学院）工作的张立文老师说出了自己的心愿：“您在艺术界工作这么久，认识的人多，（孙岩）这孩子就交给您，您帮他想想招儿，看他能学点儿啥……”爷爷含泪相求的一幕永久定格在张立文老师的心里。

第二年，爷爷带着未了的心愿走了。

孙岩六岁那一年，家人再次向张立文老师提出了拜师的请求。这一次，张立文老师决定亲自教孙岩弹琴，因此他成为孙岩的音乐启蒙老师。

雷打不动地练习300遍

按照家族中的辈分，孙岩应该称张立文为“姑父”。答应做孙岩的钢琴老师，张立文的心情有些复杂：他疼惜这个失去光明的孩子，而真正令他无法拒绝的理由还是孙岩爷爷的嘱托——老人当时那恳切的面孔和话语深深地触动了他；只是，教一个看不见的孩子学钢琴又谈何容易？他甚至想不好该从何入手。

以老师的身份初次来到孙岩家时，张立文心中还没有一个成型的计划。活跃开朗的孙岩，用自己的小电子琴给张立文弹奏了一首儿歌《小螺号》。

“这是个充满灵性的孩子。”张立文想。虽然从未见过甚至从未听说过渔人出海的场景，孙岩的琴声却能活灵活现地表达出“声声唤船归”的意境。孙岩快乐地给张立文弹奏了一首又一首曲子，都是他从广播里听后记下了旋律，然后又自己摸索着在小电子琴上弹奏出来的。一个失明的孩子，能够在音乐上无师自通，并且在音乐中找到了自己的快乐，这令张立文非常感动。

但是张立文依然没有把握能够教会孙岩弹钢琴——毕竟这是一个十分复杂的乐器。他谨慎地建议孙岩父母暂时先买一架音色、音域稍好一些的电子琴（一架钢琴的价格对当时的普通家庭来说简直是天价），自己先试试看能不能教给孙岩一些基本功；这样即使不成功，至少也可以避免给孙岩家带来过大的经济损失。孙岩奶奶立即从自己微薄的退休金中拿出一部分钱来，给孙岩买了一架在当时极其名贵的雅马哈电子琴。

张立文决定就从最简单的音阶教学入手。孙岩看不见琴，只能靠手摸来了解琴。张立文于是手把手让孙岩感受琴键的弹性、黑白键的位置、八度的飞跃、手指位置的移动……

他用了一个最笨也是最有效的方法来教孙岩识谱：一字一句把谱子念给孙岩，小节符号、重音、停顿等标识也都一字不落；然后手把手，让孙岩先练习右手的弹奏，熟练以后换左手练习，最后双手练习合奏。师徒二人就是这样一个句段一个句段地学完了一首首曲子。

质朴而认真的张立文，最初就是用这样一个尝试性的“笨办法”，为孙岩的学琴之路打下了坚实基础。实际上，在后来的求学过程中，孙岩一直沿用这个方法来学琴。

掌握了识谱的本领，孙岩可以突破生理上的局限，不再仅仅凭借记忆来学习和演奏乐曲。

几年后，孙岩掌握了盲文，他便用盲文记录下别人念出来的乐谱，然后自主地学习和练习。

二十年后有媒体寻访到张立文老师，请他回忆当年最初教授孙岩钢琴的经历。这位老人对着摄像机镜头深情地说：“回想当时能够为孙岩开启这样一扇音乐之门，让他的人生从此走出寂寞，我感到心安；看到他今天有了如此的成绩，我也感到欣慰。”

孙岩在弹琴方面的天分不仅体现在他灵活的手指和聪明的头脑，他的毅力和执著同样是这天分的一部分。仅仅几天时间，孙岩就能够熟练、快速地弹奏音阶；八个月后，他已经熟悉了乐谱的基本知识。

孙岩的聪明刻苦令张立文有了信心。在他的建议下，孙富强沙彦华夫妇花了将近五千元给孙岩买了一架立式钢琴。孙富强和张立文二人用平板车将钢琴吃力地推到单元楼下，引得邻里纷纷围观——在那个将电视、冰箱、洗衣机作为家庭主要开支项目的年代，用大价钱买一架钢琴回来，并且是为一个双目失明的孩子买的，这的确是个不小的轰动。

孙岩兴奋地用手指细细触摸着这架钢琴：整齐的琴键，光滑而有弹性；手指在琴键上飞舞跳跃，钢琴飘荡出美妙的旋律——钢琴特有的质感简直令孙岩着迷，他一下子明确地意识到：弹琴就是自己最重要的事情，什么也不能替代它。

每首美妙的乐曲背后，都有许多不为人知的刻苦训练。对于孙岩来说，则需要付出数倍、数十倍于他人的努力。每支曲子，孙岩至少要经过三百遍的反复练习。

这样枯燥重复的苦功对于一个只有七岁的孩子来说着实有些难以承受。孙富强和沙彦华都需要工作，于是孙岩的姥姥便承担了监督的任务。

姥姥对这个失明的小外孙是格外偏爱和关照的。从小到大，吃饭时她总是把饭菜盛好单独放在孙岩的面前，从不让孙岩吃一口剩饭。老人还经常要求家人“一定要精心给孩子单独做些东西吃”。有时候孙岩询问时间，如果家人随口回答“七点多”这样模糊的话，姥姥听到后就会批评他们：“孩子看不见，要说清楚几点几分，怎么能含含糊糊的呢？”

然而在练琴这件事上姥姥又是绝对铁面无私的。因为练琴，孙岩的手指都起了水泡，磨出了硬茧。老人看在眼里虽然也心疼，但仍旧每日一丝不苟地数着火柴棒计数，绝不允许孙岩少弹哪怕一遍。

有时候孙岩会狡猾地弹奏半支曲子，就对姥姥说："我弹完了！"

姥姥却也聪明，早已耳熟能详的曲子，究竟有没有弹完整，骗不过老人的耳朵。孙岩只好乖乖地重新完整弹奏。这使得孙岩能够偷懒的方法只有一个：快速弹。他飞快地将一支曲子弹奏一遍又一遍，尽早完成那雷打不动的三百遍后，就可以解放去玩耍了……

冬日的清晨，金色的暖阳刚刚斜入孙岩家的窗棂，祖孙二人就已经早早就座，开始了一天的功课。孩子的琴声叮叮咚咚，并不成调子。老人坐在一旁，一边手里不紧不慢地择着菜，一边侧耳认真地听着。孩子每弹完一遍曲子，老人就把桌子上的火柴棍从一侧移到另一侧。一百根火柴都挪到一侧后，老人又不厌其烦、不紧不慢地移回来……直到孙岩完成三百遍练习。

时钟滴答滴答地走过分分秒秒，太阳从早到晚走过日日月月。不论窗外是灿烂艳阳，或是寒风呼啸；不论是严寒酷暑，或是春雨秋霜。在平凡更替的岁月中，那些火柴棒如同定格的节拍，祖孙二人在这不紧不慢的节拍中重复着乐曲，

孙岩与姥姥

重复着时光。这一老一小都付出了极大的耐心，用最笨拙的刻苦完成了一次次完美的演奏。

姥姥经常对张立文说："张老师，以后有机会一定想着孙岩呀，让他上台去演出。"

张老师每次都会笑着对老人说："放心吧，老人家，咱们孙岩啊，不鸣则已，一鸣一定会惊人的……"

这位年近古稀的老人常常说："爱孩子，就是要培养孩子。爱，不要流于形式。"老人说到做到了，为了培养孙岩，老人带着一身病痛，始终坚持陪伴着他。在一支支曲子的练习阶段，弹奏出来的曲调根本谈不上优美，甚至有些单调、枯燥，而老人始终是孙岩最忠实的听众。张立文老师由衷地夸赞姥姥是他“最好的助教”。

几年之后，这位可敬的老人去世了，悲痛的孙岩由衷地说：“再也没有像姥姥这样值得我信赖的人了。”

不敢摔跤的人学不会走路

音乐学院的同学们经常跟孙岩开玩笑说："你有两个职业：一个职业是弹钢琴，另一个职业是走路。"

看着孙岩走路的背影，丝毫不会感觉他与普通人有什么区别：背部挺直，双臂自然下垂摆动，步子迈得大而均匀；他疾步快走的时候，妈妈甚至要小跑着跟随……在他身上，几乎看不到失明人群特有的"盲态"。

很多人问孙岩："你看不到，是如何做到不用盲杖而大胆行走的?"

孙岩说："从小时候起，妈妈就告诉我：只要是有危险的地方，一定有妈妈或是朋友在我身边，让我放心大胆地走!"

在一次访谈节目中，主持人问孙岩的母亲沙彦华：“不给孙岩使用盲杖，难道你不担心他不小心掉到坑里吗?”

沙彦华幽默地回答主持人：“事实证明，二十多年来，孙岩从来没有掉进过坑里……”

实际上，沙彦华坚信残疾孩子并不会与健全孩子有太大区别，在某些方面，她甚至要求孙岩不仅要做到“最好”，更要做到“唯一”。她正是通过这样牢不可破的信念、一丝不苟的严格训练，给了孙岩强大的自信，让他在出色弹奏钢琴的同时，也拥有潇洒而彬彬有礼的举止谈吐。

在孙岩刚刚开始学走路的时候，他跟其他盲人一样，对走路有着深深的恐惧感，迈开步子之前一定要先把胳膊伸开探路，不断停下来侧耳听周围的动静，脚步又沉又累，还呈难看别扭的“外八字”。整个人看上去都是瑟缩着的，如同冷极了一般，看得出他每根神经都绷得很紧。除了走路，孙岩的其他日常行为举止也都如此：拿一样东西不敢直接去拿，总是摸索；吃饭的时候就像小猫小狗一样趴在碗边，把整个嘴都放在碗中间吃，甚至弄得满脸满嘴都是饭粒。

每当看到这些，沙彦华心里就非常痛苦。儿子的人生道路还那么长，如果这样下去，从外表体态上就已经表现得不健全了，以后又如何能够拥有一个健全而完美的人生呢？她下定决心一定要帮儿子纠正过来。

沙彦华给孙岩讲解普通人的走路姿态："双臂自然下垂，随着两腿迈出，两臂也随着自然摆动。"

孙岩无法看到，脑海里也没有办法形成一个标准而形象的概念。沙彦华就蹲在地上，双手握住孙岩的脚，一步一步地让他体会：脚怎样迈出、脚步如何着地，小腿怎样放松，双臂如何自然下垂在身体两侧同时随着脚步的迈出而自然交替摆动……

沙彦华通过观察儿子体悟到，影响儿子正常走路的障碍主要是来自于他内心的恐惧，因为紧张害怕，盲人才会呈现出一些不"寻常"的姿态来。她努力帮孙岩克服这种恐惧，她说："解放他的思想才能解放他的肢体。"

沙彦华不怕孙岩摔跤，即使儿子不小心撞上障碍物，或是被绊倒，她都以平常心态对待——谁家孩子学走路的时候不摔几跤呢？在沙彦华的词典里，"心疼"和"心软"是绝对不同的两个词条。

沙彦华告诉儿子："不敢摔跤的人永远学不会走路。"

妈妈这种不服输、充满信心的个性也感染了孙岩。虽然看不见，但他真的渴望自己能够摒弃恐惧，不要搀扶、神态自然地走路。在妈妈的严格训练下，几个月后孙岩可以跟普通人一样昂首挺胸地走路了。长大成人后的孙岩，走在街上仪态潇洒；偶尔遇到不明情况，他会伸手做出整理头发状，利用伸臂的一瞬感知周围是否存在障碍，潇洒而巧妙地排除危险。他还能通过风声是否流畅自然来感知周围是否畅通无阻。这样的走路过程令他愉快而享受。

除了走路，在各种生活细节上，沙彦华也同样对孙岩进行严格的训练。吃饭时，沙彦华要求孙岩身体自然坐好，右手拿筷子，左手端碗，把嘴唇放到碗边，用筷子把饭送到嘴里。这些对普通孩子来说再简单不过的事情，孙岩却需要很长时间来练习。沙彦华一边不厌其烦地教着，一边感受着儿子的每一点进步。慢慢地，孙岩不仅可以干净优雅地吃饭，还能给妈妈倒上一杯水或盛上一碗饭。

沙彦华从没有向儿子抱怨过命运的不公，她深知这种抱怨不仅无用，还会给孩子的个性形成带来消极影响。她只是尽自己最大的努力让孙岩的生活尽可能地接近健全孩子。她说：“只要认为能够做到的，我、孙岩和我们的家人，都要尽力把它做得淋漓尽致。”

沙彦华经常为了孙岩的发型而苦恼：“头发是人的第二张脸。孙岩的脸已经因失明而显得不够帅气了，所以发型一定要帅啊！可是我理解的帅，别人不一定会认同……不过至少我自己要看着舒服。”

因此每一次理发，沙彦华都亲自陪伴孙岩，她不厌其烦地告诉发型师，这里要再修剪得圆润一些、前额的刘海要再短一些，因为孙岩的前额比较窄，刘海长了不好看……

在一次访谈节目中，孙岩忍不住向主持人抱怨："21年来，我每一次理发妈妈都要陪着，她简直比发型师还要发型师。"主持人被孙岩逗乐了，沙彦华在一旁听着，微笑不语。

对于孙岩的着装，沙彦华也同样煞费苦心。孙岩在一个黑暗的世界里，对于服装的颜色、款式毫无概念。沙彦华耐心地一点一滴给孙岩讲解。

她告诉孙岩，演出的时候，把燕尾服的"燕尾"坐在臀下很不雅观，在琴凳上落座之前，一定要用双手把"燕尾"轻轻撩起然后坐下；衬衣皱巴巴地掖在贴身的内裤里也很难看，要平整地套穿在西服裤下……

有时候沙彦华会为如何挑选一条合适的领带而苦恼——黑色西装与白色衬衫搭配在一起，沙彦华希望挑选一条明亮而不失庄重优雅的领带来映衬儿子——

她说："孩子的眼睛已经不好了，希望衣着可以让他看起来更阳光"。

沙彦华对孙岩如此细致严格的训练和精心妆扮，让孙岩在人前展现的是开朗、乐观、积极的状态，媒体对于孙岩演出时的评价是"阳光男孩"，"使用手帕和整理燕尾服的动作非常潇洒"。这些夸赞，不仅给予孙岩极大的自信，也是对沙彦华一家人艰辛努力的最好回报。

家庭是孩子最初的舞台

因为视力的问题，孙岩不能像其他孩子一样上幼儿园。沙彦华担心他因为孤单而形成孤僻的性格，便想方设法找健全的孩子来家里玩。邻居、同事的孩子，亲戚的孩子……孙岩家里就像一个“孩子营”，始终都是热热闹闹的。每当孙岩学会一首新曲子，这些孩子和亲朋好友们就都会到他家里来听一听，宛若在举办一场场小型的“家庭音乐会”。

亲友们的掌声和赞扬，增强了孙岩的表演欲，提高了他的学习兴趣，也给予了他更多信心。家人意识到这种鼓励的作用，就越发积极地邀请单位同事、朋友来听孙岩弹琴，给他更多表演机会。在一次次的肯定中，孙岩的胆子越来越大，信心越来越足。

从一个先天失明的孩子到如今的知名钢琴演奏家，一路成长的过程中，孙岩获得了社会各界的多方关注，同时也面对过来自许多方面的质疑：他是国内第一个上普通学校的盲孩子，因此在当时引发一次小小的“罢课事件”；他免试上了中央音乐学院继而又被保送为该校研究生，引来了诸多猜疑和争议；沙彦华对孙岩细致入微的教育模式也一度被媒体称为“母亲雕刻”……如今，孙岩一家对于这些非议仿佛都习以为常了。这一家人似乎天生就有一种超乎常人的本领：抗负面因素能力超强。确切地说，他们并不是精疲力竭地对抗，而是将这一切化解，让它们变得“云淡风轻”。这样高超的本领来自他们那个充满爱的大家族。

孙富强和沙彦华夫妇背后有一个几十口人的大家族。孙岩先天残疾，但家人没有因此心生嫌弃而疏远孙岩一家，反而更多地关照他们，帮助他们；对于孙岩的成长，整个家族更是齐心合力，鼎力相助。“别担心，有这么一大家子人支持你呢！”这句话是孙岩家人的口头禅，每当孙岩遇到困难，总会有人对他这样说，给他足够的勇气和信心。有这样一个特殊的孩子，既要承受着心理的伤痛，又要想方设法地赚钱维持孩子学习的费用，更要竭尽全力地培养他成才，作为一个女人，沙彦华也有心力交瘁的时候。每当沙彦华迷惘了、动摇了，孙岩的姥姥就会在一旁鼓励女儿：“衣服你可以不洗，碗可以不刷，家里所有的琐事你可以不做，放弃什么事都行，但无论多累，你都不能放弃孩子的学习……”

对残疾人来讲，穷富不是最重要的，最重要的是能够享有做人的尊严。

整个家族的爱不仅体现在扶助关心孙岩上，更体现在全家人在孙岩这样自强不息的精神力量感召下共同奋进成长。孙岩的亲人不攀比吃穿，而是更乐于比较谁在培养孩子方面付出得多、投入的精力大。家族里有七个孩子在孙岩的影响下也都学习了钢琴，甚至追求艺术修养也成为家族传统。

“孙岩能做到的，你们一定要做到。一定要向你孙岩大哥学习……”“向大哥看齐。”“好好学，怎么也不能落下。”……孙岩成了家族里孩子们的榜样。这样积极、活跃而又热闹的大家庭气氛，令孙岩感到踏实，他也为自己这个家族感到骄傲。他常常对别人说：“我能走到今天，已经不单单是为我自己，而是要对我的家庭、对社会的关爱有个最好的交代。家里弟弟妹妹都在向我看齐，身边也有很多人在向我学习，我一定要走好每一步，不让大家失望，不让社会失望。”

有人说，在这个世界上，所有美好的事物都是免费的，比如一个拥抱，一个微笑，一个吻，一顿甜美的睡眠；朋

孙岩与表妹沙晶（左）、许沙沙（右）

家族兄妹

友、家庭、爱情和美好的记忆……

另一些人却说，其实没一件是免费的，家庭需要金钱、时间、精力来维持，朋友需要付出与经营，爱不是单指甜言蜜语，即使是只想要免费的好空气，还得先有钱移民去空气质量好的国家。

这个世界正是因为有了这样两个对立的声音而玄妙起来。即使你的身边耳边充斥着各种牢骚、怨恨、谩骂；即使你被包围在各种质疑、指责时感到无助和悲伤；即使你眼前不再有光明、内心感到困惑绝望，但一定会在另一端，有那样一种温暖的声音，让你感到安心、快乐，感到满足和幸福。

这就是爱的能量：“用心感知爱，你就会幸福。”这是一句神奇的咒语，而学习运用这句咒语的过程，正是在家庭这个舞台上展开。

天赋亲情守护成长之路

1990年，孙岩的妹妹孙泉出生了。在严格实行计划生育政策的中国，孙泉能够出生完全是因为孙岩的眼睛。而孙富强和沙彦华当时决定再生一个孩子，也是考虑到自己百年之后，孙岩需要一个至亲的家人来照顾。沙彦华甚至跟丈夫商量好：如果生下一个男孩就转送他人抚养，因为沙彦华觉得男孩子无法承担这样细致的照顾责任。

天遂人愿，孙岩等来了一个健康、漂亮的妹妹。

孙泉稍稍懂事，沙彦华就不断向她灌输这样的思想："哥哥的眼睛不好，需要照顾，才有了你。你要记住，你的生命是哥哥的眼睛换来的，以后你就是哥哥的眼睛，要好好照顾哥哥。"幼小的孙泉乖巧柔顺，她特别懂事细心地尽着一个妹妹的特殊责任。她处处像个小姐姐，和比自己年长七岁的孙岩一起走路，总是把平坦的路让给孙岩。家里好吃的东西如果只有一个，她一定会留给哥哥吃，当哥哥问起她："你有吗?"她每次都回答说："我有，这个是你的……"因为演出的需要，妈妈经常给孙岩购置服装，孙泉从来都不和哥哥争抢，每次哥哥穿起新衣服，她都会在一旁连连夸赞好看。

随着年龄的增长，孙泉逐渐肩负起了"小妈妈"的重任。只要自己没课，她就接送哥哥上学、放学。她了解哥哥的一切生活习惯，小到盛饭的多少，大到帮助哥哥查资料，协助哥哥与人沟通，为出国演出做准备，与哥哥同台四手联弹……

作为兄长，孙岩也同样肩负起指导妹妹的责任。兄妹俩能敞开心扉地畅谈人生、未来，孙岩希望能够用自己的人生观、价值观影响和帮助妹妹。

对于女儿，沙彦华心存内疚。女儿健康、聪明、懂事，这也使得沙彦华放松了对她的照顾。她要经常陪伴孙岩四处演出、学琴，只能把女儿留在家里由爸爸照顾，或是扔在奶奶、姨妈、舅舅等亲人家里，一扔就是数月，甚至半年一载。在一个访谈节目中，沙彦华对主持人说："对女儿，我真的无法做到像对孙岩那样无微不至地照顾了……”孙泉小学四年级时，沙彦华第一次去给女儿开家长会。那一次，孙泉的数学考了全班倒数第三名。走出校门的时候，沙彦华的眼泪夺眶而出——她花在女儿身上的时间太少了！

对于女儿的人生，沙彦华心中有一个想法，她希望女儿将来能够和哥哥同台演出，这样从日常起居到学习工作，孙泉就都可以陪伴在哥哥身边照顾他了。因此，孙泉从小就开始学习钢琴。

小小的孙泉欣然接受了命运的安排。

孙泉四五岁的时候，曾经有一个电视台采访她：“你爱爸爸吗?”“爱。”“你爱妈妈吗?”“爱。”

“你的生命是哥哥的眼睛换来的，那你希望哥哥的眼睛不好，有你呢？还是希望哥哥的眼睛好，没你呢?”

“希望哥哥眼睛好！”孩子肯定地回答。

“那哥哥的眼睛要是好了不是没有你了吗?”主持人穷追不舍。

“那我就走呗！”话还没说完，孙泉“哇”地哭了。

每次提起这段，沙彦华心里都特别不是滋味。而孙岩知道，在妹妹心目中，自己的分量超过了一切，甚至是妹妹的生命。

孙泉是哥哥的一双眼睛，是哥哥的亲密手足，而哥哥也

孙岩全家和姥姥

孙岩全家和奶奶

奶奶全家福

姥姥全家福

孙岩和妹妹孙泉

■ 我是哥哥的眼睛

孙泉（10岁）

在我刚刚懂事的时候，我问过妈妈，别人家都一个孩子为什么我们家两个呀！妈妈说是哥哥的眼睛不好，你的生命是哥哥用眼睛换来的呀。妈妈，我要哥哥的眼睛好，我不要生命。傻孩子，妈妈说……

我的哥哥叫孙岩，哥哥是83年出生的，听妈妈说他刚出生时眼睛就盖一层白膜，医生确诊先天性白内障，哥哥生下来就没有看过这个世界。他问妈妈："什么是白色？白色就是你现在闭着眼睛的对比色。"妈妈流着眼泪说。

哥哥是不幸的，但哥哥很要强。从小学钢琴就很刻苦很努力，现在已考上了中央音乐学院钢琴系。他曾写过自传体散文诗：《假如给我三天光明》，"假如给我三天光明，我要看看我的爸爸妈妈，还有我可爱的小妹。假如给我三天光明，我还要看看我的老师、钢琴。我要昼夜不眠地翻阅触摸音乐大师们的谱集。"我听着听着眼泪流了下来。我多希望哥哥能看见啊！我要和哥哥一辈子在一起不离开，用我的一生来帮助他、爱护他。

哥哥是一个很坚强的人。走路绊了跤，手碰到电源插座，他从不对别人说。练琴时就更刻苦了，他常常让我为他摆火柴棍，弹一首曲子就拿掉一根，直到把火柴拿光。不知不觉五六个小时过去了，汗水浸透了他的衣服，再一看他的手，我不由的鼻子酸了，他指尖被磨起了血泡，我想从琴凳上把哥哥拉下来不要再练啦，他却说："不行呀小妹，我只能比健全人多花费一点时间呀。"坚强的他，把血泡撕破，蘸着血的乐曲再次响了起来。功夫让哥哥的音乐流畅，感情真挚，手法娴熟。因此他获得了很多荣誉和奖项，还代表中国出访过好多国家。

哥哥非常疼爱我，每次演出回来都给我带回小礼物，如发卡、花裙子、还有好吃的。

我敬爱我的哥哥，敬他有坚强的毅志，爱他有水晶般的心。

我为哥哥骄傲！我因哥哥自豪！

我们兄妹之间真爱永恒，我永远是哥哥的眼睛。

（北京市小学生春芽杯获奖作文）

是她的好伙伴、好老师。孙泉练琴的时候，孙岩就坐在一旁边听边指导。他通过琴声判断妹妹哪里的手势不对，哪里的重音没掌握，哪里的节奏不和谐……他用自己的手指在妹妹肩上弹奏，让妹妹感受技巧中的微妙差异，有时候他索性亲自弹上几下。小兄妹俩经常认真投入地练习。

这些场景，都被孙富强在一旁用家用摄像机默默地记录下来。孙岩收藏着很多关于自己成长经历的视频资料，除去诸多媒体的访谈拍摄，还有一些是家人自己拍摄的简单的生活场景记录。

孙富强很少出现在镜头前，视频资料里几乎没有他的身影、声音。孙富强一直在充当镜头背后的记录者。多年以来，他也是这样默默无闻地承担着家庭的琐碎事务，守护着两个孩子一天天地成长。

虽然上天给了这一家人诸多的“与众不同”，他们依然有着如其他普通家庭一样的悲欢、一样的生活脚步，他们一刻也没有停止，始终步伐欢快地携手向前。

第2课 自己创造好运

创造运气，让自己永做“幸运儿”——除了我儿子的眼睛，其他一切都可以改变。

——沙彦华

让好运气跟着自己，其实只需要做到三件事：与人为善、懂得感恩、心态开放自信。社会看似复杂，具体到每个人，其实也很简单，不外乎身边人、身边事。用微笑面对世界，世界也会报以同样的微笑给自己。做一个优秀的人，好运自然会与你同行。

勇于展示自己

冰雪逝去，泥土焕发生机，雨水淅淅沥沥洒向大地，周围的景物越发地鲜艳缤纷起来。夏天来了。

日历牌翻到了1991年，孙岩在钢琴上练习已经快一年了。沙彦华决定让儿子尝试一个新的挑战：参加比赛。和张立文老师商量之后，她给孙岩报名参加了长春市“春芽杯少儿器乐大赛”，这是一个健全儿童参加的比赛。

比赛在6月举行，初赛、复赛孙岩顺利通过，并且一路遥遥领先。许多优秀的孩子因为没有发挥好，都被淘汰了。这让沙彦华也感到了紧张，毕竟孙岩的眼睛看不见，而参加决赛的孩子们表现都很突出。

去参加决赛的路上，沙彦华跟儿子聊着自己的担心：

“孙岩啊，妈妈还真是有点紧张，咱们要是拿不到名次怎么办啊？那些孩子都很强。”

“妈妈你放心，功夫不负有心人，我一定能拿到前三名。”孙岩充满自信地回答妈妈。儿子的坚定和自信让沙彦华颇感意外，也感到欣慰，儿子继承了自己不服输的性格。孙岩没有食言，他凭借自己的优异表现赢得了这次大赛组委会颁发的特等奖。

初尝胜利的果实，孙岩和沙彦华都受到很大的鼓舞。沙彦华更加坚定了自己的信念：儿子可以和健全人一样走路，和健全人一样吃饭，和健全人一样学习，与人和谐相处……

人们对于孩子的教育往往会“舍本逐末”。有些家长只盯着日常小节：孩子爱吃什么、孩子哭闹了怎么哄、孩子不爱主动叫人怎么办……另一些家长只看重结果：孩子是不是考了高分、孩子有没有出色的特长、孩子能不能上重点学校，等等。而真正的教育是在过程中的“教化”。在孩子的成长阶段，家长能不能及时关注到孩子的个性？家长是不是做到了言行一致地身教？家长有没有帮助孩子在每一次事件、经历中收获成长？这样“知行合一”的统合过程，既是孩子的必修课，也帮助家长同步成长。

在培养和教育孙岩的过程中，沙彦华和家人不断地调整自己的心态，始终如一地站在孩子背后，默默地给予他力量，与他一同进行艰苦卓绝的奋斗；同时，沙彦华也犹如一个尽忠职守的哨兵，密切地观察着孩子的每一个成长节奏，保持着清醒的思考，不断为孩子披荆斩棘、开辟放手一搏的机会。

“春芽杯”比赛的突出表现让孙岩受到了长春市残联的关注，7月份，市残联向孙岩发出了邀请，让他参加在内蒙古草原上举行的“全国第三届盲童夏令营”。这是一次规模庞大的夏令营，成员来自五湖四海，包括港澳台三地在内，共有二百多个孩子参加。

在行程表里看到有歌舞团表演的安排，沙彦华悄悄在行装里为孙岩准备了演出用的衣服。她认为一旦有机会就该让孙岩也上台演奏，这对培养孩子的自信、展示才能都有好处。

大草原上的夏天是奔放而欢快的。这里有诗人席慕蓉笔下的“长城外才有的清香”，还有悠长绵延的动人长调。这是一次惬意舒畅的旅行。

在夏令营开幕式的会场，沙彦华看到舞台一角有一架小钢琴。她对孙岩说：“舞台上有一架钢琴！”听到“钢琴”二字，孙岩显得很兴奋。沙彦华找到吉林省的领队，请他跟歌舞团的艺术总监商量能不能给孙岩一个演奏的机会。领队将孙岩和沙彦华带到艺术总监面前，孙岩大方流利地向总监做

孙岩在内蒙古成吉思汗的战车上

了自我介绍。总监虽然被孙岩的自信所打动，但这是一次正式的演出，参演团员们在此之前都经过了长时间的排练，而且在台下观看演出的还有团中央和中国残联等部门的重要领导，总监不愿意冒险安插这样一个未知的节目。

沙彦华并不放弃。“哪怕给孩子一分钟也好，”沙彦华肯切地对艺术总监说，“孙岩的表演只会给演出增色，绝不会添乱。”

艺术总监问沙彦华：“你怎么这么有把握？”

“孙岩有丰富的表演经验，在很多大赛中都得过奖，而且真心想为大家演出。相信他，一定行的。”

最后，艺术总监被这位母亲的执著打动了。“好吧，只能给他三十秒时间，不能再长了。”艺术总监下了决心承担这个风险。

轮到孙岩的三十秒了，他弹奏了一首《四小天鹅》。正如沙彦华所保证的，从乐曲响起一直到结束，掌声不断。站在舞台一侧的演出团团长木兰女士边听边流泪，乐曲结束，她立刻奔上舞台一把把孙岩抱在怀里，激动得说不出话来，站在那儿一直流泪。最后，她对孙岩说：

“孩子，你的琴声太动人了，你能再为我们弹一首吗？”

这样一句肯定的话，给了孙岩莫大的鼓励。他用力地点点头，然后大声对观众说：“在座的爷爷、奶奶、叔叔、阿姨大家好，很荣幸能为大家演奏，下面我再为大家演奏一首《牧民歌唱毛主席》！”顿时，掌声响彻全场。

这次表演，不仅让孙岩感受到了“成功”的欣喜，更改变了他的命运。

孙岩回到后台，一位工作人员将他和沙彦华领到了坐在观众席中、时任团中央书记的李克强面前。李书记询问了孙岩的一些情况，又问母子俩：“对孙岩今后的发展有什么想法？”

沙彦华回答说希望儿子继续学习钢琴。

书记又问：“孙岩也该学习文化课。他在哪里上学呢？”

一句话，问到了沙彦华的心病。孙岩已经八岁了，孙富强和沙彦华正在为他的入学问题而倍感忧虑。钢琴是一门综合艺术，要学钢琴，首先要进行文化课学习，否则，就会因为缺乏相应的文化知识而导致无法对作品进行透彻的理解。可是按照常规，孙岩只能去距离长春市四百公里以外的四平盲校就读，这样一来，孙岩就没有条件继续学习钢琴了。如何让孩子既能学到文化知识又不放弃钢琴的学习？这个问题令沙彦华一家一筹莫展。

沙彦华向李书记讲了这个难题。

“想继续学钢琴吗？”李书记问孙岩。

“想！”孙岩使劲地点头。

“那好，我们帮你联系联系吧，随班就读。到健全孩子学校学习会不会有什么困难？”李书记问沙彦华。

沙彦华依然自信，回答说：“孩子很聪明，不会有什么困难。”

“那好，我就请吉林省教委和团委，在你家附近找所小学让孩子随班就读。”李克强书记当即表态。最终，在中国残联、国家教委以及社会各界的多方帮助下，西五马路小学破例接收了孙岩。1991年9月，孙岩像别的孩子一样，背起书包上学了！

你可以不完美，但一定要优秀

家长在孩子的培养过程中要注重赋予孩子独立的人格。培养残疾孩子，尤其要注重让他在这个社会中获得与健全人同等的尊严。

沙彦华在接受媒体采访的时候，不愿过多地提及过去那些痛苦和被挫败的往事，谈得更多的是如何去面对困难和战胜困难的决心和信心，她在这方面给孩子们树立了一个坚强的榜样。“苦难，只有接受它，才能战胜它。”她这样说了，也这样做了。

孙岩新的生活开始了，然而并不如预想的一帆风顺。

通过测试，学校认为孙岩的水平可以直接就读二年级。开学之前，孙岩跟自己的班主任老师一同来到四平盲人学校学习盲文。一般人需要三个月时间才能够掌握的盲文，孙岩凭着聪颖和勤奋，用了短短六天就学会了。孙岩一家为新的学习做足了准备，然而一个意想不到的情况发生了：孙岩就读班级的学生家长对于他的到来并不欢迎，甚至充满了抵触和敌意。

尽管整个社会都提倡尊重残疾人，可是，现实中歧视残疾人的现象仍时有发生。家人从不把孙岩当盲人来看待，但生活中，他难免遭到旁人的歧视和嘲笑。

“一个盲孩子，怎么可能跟得上明眼孩子的学习进度？孩子们的学习会因此受到影响！”

“他会拖累我的孩子！”

“老师的精力是有限的，这样的孩子要分散老师多少注意力来照顾，我们的孩子谁来管?!”

……

人们甚至猜测孙岩是某个重要领导的“孙子”，认为这样的安排不公平。

无法接受孙岩的家长们集合起来，让自己的孩子举行了“罢课”，并到市政府门口静坐抗议。他们提出了“把瞎孩子赶出去”、“孙岩不回家，我们的孩子就不复课”的口号。

这个打击对沙彦华一家是沉重的，“瞎孩子”这一称呼深深刺伤了沙彦华的心——从小到大，家里从没有人称呼孙岩为“瞎子”。然而沙彦华还是极力让自己恢复了冷静，毕竟，盲人到普通学校随班就读是新生事物，别人一下子无法接受很正常。但是，沙彦华不能告诉儿子同学们罢课是因为他的到来，她怕因此而打击了孙岩对于上学的憧憬，从此对学校心生反感。

但孙岩依然感受到了异样，事实上，他有生以来第一次感觉到了自己跟别的孩子不一样。别的孩子能跑能跳，在体育课上追逐嬉戏，而他却只能静静地待着；自己的课本也与其他同学的不一样。最主要的是，同学们都不愿意跟自己交谈。

在学生罢课的日子里，沙彦华照常每天送孙岩去上学。她尽自己的力量保护和陪伴儿子。每天，她站在教室门外，从窗口看着儿子一个人呆呆地坐在空旷的教室里；放学了，她又将儿子接回家里。孙岩独自坐在教室里，不知道老师为什么不讲课，也不知道周围到底发生了什么……他害怕极了。

沙彦华知道必须对儿子解释清楚这一切。她平静地告诉孙岩发生了什么，并让他不要怕：“孩子，我们无路可退，你一定要在这个学校上学。现在这个环境如何改变？要想改变别人，首先要改变自己。你学习成绩好了，你没有让老师单独辅导，没有让老师在你身上单独花费精力，别人就说不出什么。你要让别人明白，自己没有影响到别人的学习。你不要去抱怨，如果你一味地去抱怨，哪有时间来拿出证据去向别人证明自己呢？就是你一个人，也要来上课。他们现在不理解，以后肯定会理解的！”

在遭遇挫折和苦难的时候，母亲的理智与勇气就是孩子最有力的保护伞。

在学校和政府的努力下，家长们与校方通过谈判达成了一个协议：给孙岩两个月的时间，这期间家长们可以考察孙岩的入学是否会给其他孩子的学习造成不好的影响；如果有不良影响，校方就让孙岩退学。罢课持续了近一个月，学生们终于复课了。

但是家长的疑虑和愤怒并没有立即消散。孩子们回到课堂上，家长们就趴在教室的窗外观察。他们看到的是教师井然有序地给学生们上课，没有额外的停顿和阻滞；孙岩在课堂上踊跃发言，思维敏捷地回答老师的问题。家长们经常在孩子回到家以后询问：“老师有没有给那个盲孩子开小灶？”孩子们都说没有。

家长们渐渐放下心来，对孙岩和沙彦华的态度也从最初的怀疑、抗拒、反感而渐渐转变为同情、理解，甚至有了几分敬佩。

孙岩与西五小学两位班主任

最开始，老师把孙岩的座位安排在班长、学习委员之类的“模范生”旁边，以便他得到更好的照顾。但孙岩的聪明和刻苦超出了老师和同学的想象。孙岩没有跟其他同学一样的课本，他只能一边听着老师讲课，一边用盲文记录，放学回家，孙岩往往还需要借同学的笔记抄写。面对大量的抄录工作，孙岩需要边刻录边用手摸索；盲文笔是铁质的，极其坚硬，刻录盲文的纸也是又硬又厚的牛皮纸，孙岩稚嫩的小手甚至常常被磨得鲜血直流。然而孙岩不在乎，忍痛继续抄写。看到这样的情况，其他孩子都感动得哭了。许多孩子都主动把自己的笔记借给孙岩。第一次年级考试，孙岩在全年级二百四十多名学生中获得了第一名。

慢慢地，孙岩身边被老师换上了一些调皮的学生，目的是希望用孙岩踏实肯学的精神带动这些孩子。孙岩的经历成了校园里广为传颂的故事，甚至传扬到外校；一些家长都要求把孩子转入孙岩的班级来学习，哪怕是孙岩隔壁的班级也愿意。

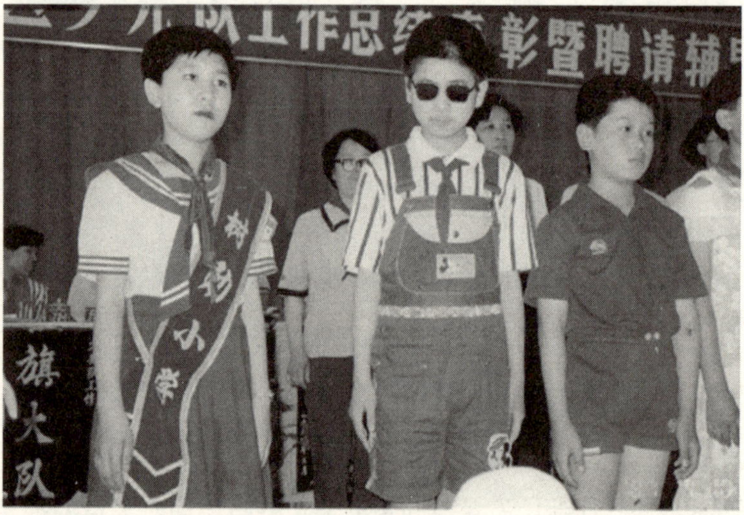

孙岩在西五小学领奖

为了让孙岩更好地融入到普通孩子之中，沙彦华常常教导儿子要承认现实，要宽容和设身处地地为别的同学着想。孙岩曾经有一位女同桌向老师提出了调换座位的要求，因为她不愿意整天面对一个盲人。孙岩非常委屈地告诉了妈妈这件事，他觉得很难受，感到自己被侮辱了。沙彦华对儿子讲："你眼睛黑糊糊的，小孩子看了，可能有一种别的想法，所以就不愿意接近你。但这并不可怕。时间长了，你主动接近他们，主动帮助他们，就会得到他们的理解和帮助。这需要一个过程。只要你做好了，他们就会愿意进一步了解你、接近你了。"

孙岩按照妈妈的话去做了。他的个性本来就活泼开朗，喜欢与人交往，于是很快拥有了一些要好的朋友与伙伴。

一次又一次的磨难给了沙彦华坚强的力量，她把这个魔力棒传递给了孙岩。越是在别人不理解、受到冤枉的情况下，越是要宽容他人、做好自己。沙彦华终于让儿子走进了健全孩子的生活圈，也由此锤炼了儿子的意志。她教导孙岩："每一个人都有缺陷，每一个人也都有长处；你有不如别人的地方，更有超过别人的地方。所以，任他们怎么说都无所谓，只要你向着优秀前行就可以了。"

曾经多次用琴声赢得掌声和赞扬的孙岩，这一次在妈妈的帮助下，获得了一次精神上的飞跃——他用自己的努力与宽容，赢得了他人的认可。

机会要靠自己去争取

沙彦华经常开玩笑说："倘若有一天孙岩复明，让他从人群中辨认谁是妈妈，他一定会选择最严肃的那个。"沙彦华对孙岩的培养，与其说是"严厉"，不如说是"树立"。她在倾尽全力地把一棵歪歪斜斜、伤痕累累的小树苗，用木石绳子捆绑约束，毫不留情地修剪，从而使它长得笔直、茁壮乃至参天。沙彦华始终给予孙岩"除了眼睛和别人不一样，在其他方面丝毫不逊色于别人"的信念，让他能够自然快乐地融入到普通人的社会中。

在孙岩的成长过程中，沙彦华同时实现了自我救赎，她从中学到了坚强，获得了力量。从初为人母的欣喜中被迅速冷却，甚至跌入冰窟的沙彦华，终于在痛苦中有了一个清醒的认识：除了接受并面对这一切，自己别无选择。她不止一次地告诉自己，“已经不会再有比孙岩的眼睛看不见更坏的情况了”，“孩子需要母亲的教育、呵护，如果我退缩了，孩子就没有办法坚持”。这正是她一次又一次地从磨难中坚强站起来的动力。

也因此，即使周围的人不能够理解自己的做法，批评贬斥的声音充斥于耳，沙彦华仍然坚定不移地行动着。她不仅充当孙岩成材道路上的园丁，同时还一路披荆斩棘，为他修路搭桥。孙岩因此而称呼妈妈为“有节制的机会主义者”。

沙彦华善于为孩子发掘和把握时机的能力，在那次内蒙古草原夏令营上已经有所展露。她的努力和争取为孙岩赢来了既可以学习文化知识同时又能学习钢琴的机会。而这又使得沙彦华开始思考另一个问题：“孙岩在钢琴学习上开始有了可圈可点的成绩，但他得到的掌声和奖励难免有同情的成分。孙岩究竟是不是钢琴领域的可造之材？他的钢琴之路到底能够走多远呢?”沙彦华希望儿子能够得到更专业的钢琴指导。

通过长春市残联的帮助，沙彦华联系到了东北地区钢琴教育界的权威之一刘尚焜教授。刘尚焜教授当时在吉林省艺术学院担任钢琴主课的教学工作，一周有 26～28 节的授课任务，在教授钢琴课程的四十余年里，他从未有过教授盲人的经验。

那是在1991年夏秋之交，新的一个学年即将开始。一位同事受到长春市残联的委托，找到刘教授，问他是否愿意接收一个盲孩子来跟他学钢琴。刘教授立刻拒绝了——自己全无这方面的经验，不能误人子弟。这个拒绝似乎早就在沙彦华的意料之中。她早已打算好，无论刘教授怎样拒绝，她都要恳求刘教授收下孙岩。

一次又一次，沙彦华出现在刘教授的面前：校门口、办公室、上下班必经的路上……面对这位执著的母亲，刘尚焜教授心动了——倘若那个盲孩子继承了母亲的这种韧性，并真如旁人所说的那样有音乐天赋，倒不失为一个可造之材。刘教授终于答应沙彦华与孙岩见一面。

孙岩再一次把握住了妈妈为他争取来的机会，他在刘教授面前弹奏了一曲《欢乐的牧童》，一首简单明快的乐曲。刘教授从中看到了孙岩音乐的天赋。“让他先跟我学两个月试试吧！”刘教授一锤定音。

孙岩好像石缝中发芽生长的小树，与生俱来的坚韧与顽强总能令他成功地打动人心。慢慢地，刘尚焜教授发现这个孩子不仅具有灵敏的听觉和触觉，更有超人的记忆力和理解力，并且，凭着对钢琴的极度热爱，他还有非同一般的毅力。这些良好的素质都是造就一个钢琴人才所需的，而孙岩将它们集于一身。视觉的缺失令孙岩从小善于捕捉、分辨周围哪怕极其细小的声音，这令他在学琴过程中能很好地分辨音高、音准。更难得的是他具有良好的理解力，虽然从未见过那些事物，但是经过刘教授的讲解，孙岩往往可以立即领悟，并表达在琴声里。在张立文老师那里打下了识谱的基础，加之孙岩一方面有着超强的记忆力，能够很快地背谱，另一方面又可以通过他人的报谱录音自己记录制作盲谱，他一下子跨越了看不见乐谱的障碍。孙岩也是刘教授所教过的孩子当中最有耐性、毅力、最能坐得住的。这些发现不仅让刘教授欣喜，同时也令他感动，对这个孩子充满了爱护之情。

两个月后，刘尚焜教授正式接收了孙岩做学生。

教授孙岩对于有四十多年钢琴教学经验的刘教授来说是一个全新的挑战。对于普通学生，往往一个眼神的示意、一个动作的示范就可以传达教学的意图，但是对孙岩却不行，他看不到。刘教授需要手把着孙岩的手教，在不断的练习中，帮助他掌握正确的手型、角度。另一方面，刘教授还需要极大地开发孙岩的想象力，让他在音乐中开启黑暗世界中的另一片灿烂王国。往往一个小时过去了，师徒俩才刚刚进行完讲解、示范的环节。别的学生一个小时一节课，刘教授给孙岩延长到两三个小时，实际上，每到周四下午，刘教授就成了孙岩一个人的。长时间的相处，使老教授和孙岩之间产生了深厚的感情。

刘尚焜教授辅导孙岩

孙岩的刻苦程度是刘尚焜教授从未见过的。一次课程结束，不论课堂上学习的内容有多少、有多难，到了下一次课的时候，孙岩一定已经练得烂熟。孙岩的进步让刘教授有了很大的信心。很快，孙岩掌握了车尔尼钢琴训练教材的 599

系列，过渡到849系列，不到两年的时间，孙岩已经完成了车尔尼299系列。这即使对于一个普通人来说，也是非常快的进展。在按部就班的教学过程中，刘教授逐渐摸索出一些教授盲人钢琴的规律和经验，孙岩也越来越多地掌握了演奏钢琴的初步技巧。

幸运源于执著追求

1993年10月，文化部、国家教委、中国残疾人联合会、中央电视台等部门联合举办了第三届全国残疾人艺术汇演，孙岩成为吉林省推选的参赛选手之一。

参赛曲目从4月开始准备，10月选手进入正式比赛。为公平起见，也为了方便各地的参赛人员，初赛时组委会要求各省、市把参赛选手的表演制作成录像带寄到北京。按照吉林省相关部门规定，孙岩来到指定地点进行表演录像。孙岩到达现场发现，没有钢琴！最后工作人员从仓库中找到了一架旧钢琴，孙岩用它演奏了自己的参赛曲目——贺绿汀的《快乐的节日》。这架老掉牙的钢琴琴键松动，毫无音准可言，极大地影响了演奏效果。孙岩弹奏完四段组曲，忍不住哭了，对沙彦华说："妈妈，这琴不行！"在一边旁听的沙彦华早已听得上火了，如果拿这样的录音带去参赛，恐怕初赛都过不了关。

她去找组委会的负责人恳请说："琴音不准，能不能给孙岩重新录制一下？"

"不行，还急着送北京呢！听说北京有一个孩子特别棒，你们录得再好，能比得过人家吗……"

这个负责人的态度让沙彦华无法接受。沙彦华觉得，既然是省里指派参赛，怎能这么不负责任地应付了事呢?！既然孩子参与了，不管有多少竞争对手、竞争对手有多么优秀，至少也要让孩子呈现自己的最佳状态。看着哭泣的孙岩，沙彦华下定决心：不管付出多大的代价，一定要重新录制。然而情急之下，沙彦华找不到一个既有钢琴又有录音设备的地方，她无奈地把情况告诉了刘尚焜教授。

刘教授对孙岩的演奏水平充满信心，一听到这个消息也非常着急。他立即冒雨前往当时任教的艺术学院，亲自与院方及相关工作人员协调沟通，为孙岩提供了录制场地。录制完毕，沙彦华立即把这份来之不易的完美录音带送到吉林省参赛组委会，此时距离工作人员前往北京的航班起飞时间只剩一个小时。

最终，孙岩在这次汇演中荣获钢琴表演一等奖。这次大赛不分专业和业余、不分年龄大小（参赛选手中年龄最大的五十岁），孙岩成为该项比赛举办以来历届获得此奖项的年龄最小的选手。孙岩有幸在颁奖仪式上第一次见到了中国残联主席邓朴方，从他手中接过了那金光闪闪的“维纳斯”金杯。

1994年一个春天的下午，刘尚焜教授的家里突然来了一群贵客，他们是从北京远道而来的中国残联、国家体委、团中央工作人员，这次登门拜访，是要力邀刘教授辅导孙岩弹奏《黄河进行曲》中的第二乐章《黄河颂》，让孙岩能够在第六届远东及南太平洋地区残疾人运动会开幕式上演奏该曲。

对于这个要求，刘教授简直想都不敢想：“你们这简直是要求一个十一岁的孩子去当国家部长啊！”

《黄河颂》是一支钢琴协奏曲，其中有大量高难度的演奏技巧，同时又饱含深沉丰厚的艺术情感，是凝聚了诸位钢琴艺术家丰富的生活体验和艺术造诣的集大成作品。演奏这个曲目，即使是对于有多年演奏经验的表演艺术家也是一个考验，何况是对于孙岩这样一个刚刚步入钢琴艺术殿堂的十一二岁的孩子。

刘教授分析了强行训练的两个最坏结果：要么是孙岩勉强上阵而搞砸了这次演出；要么是为了演好，在短期内给孙

1993年孙岩获维纳斯金奖

岩大量的强化练习，而这样的强化训练很可能毁掉孙岩的手。过强的练习容易造成肌肉拉伤、腱鞘炎等手部伤害，这会直接影响孙岩将来的钢琴之路。

“孙岩的双眼已经看不见了，弹琴的双手几乎是他的唯一希望”。刘教授知道自己万万不能毁了孩子，这么做会令他遗憾终生。

但这场演出实际上是一个不容拒绝的任务，而且准备时间只有短短六个月。原来，这次“远南残疾人运动会”将在中国举办，运动会开幕式将举行大型表演《同舟》，并用钢琴主奏在演奏界里号称世界“两大颂歌”的《黄河颂》和《欢乐颂》。中国残联主席邓朴方亲自决定让孙岩在开幕式上弹奏《黄河颂》。

无奈之下，刘教授只得答复说试试，他一再强调：“不要以为我答应下来就是有把握，你们务必做好不成功的准备!”刘教授做了最坏的打算，无论如何，自己损失什么不要紧，一定不能毁了孩子的双手。

经过反复的思考和准备，刘教授开始了对孙岩八度、和弦等技巧与动作的训练。由于长期无法运动锻炼，孙岩的手臂力量略显不足，而转臂、跳跃这些大幅度的动作技巧都需要力量。在刘教授的记忆中，那时候在孙岩的每一堂课上他都如履薄冰一般——又要让孙岩大踏步地提高，同时又要保证他的安全。刘教授经常询问孙岩：累不累？胳膊疼不疼？手臂各处有什么感觉……除了训练钢琴，刘教授还围绕黄河，给孙岩讲解与之相关的地理、历史、文学作品和音乐作品，讲《黄河进行曲》的创作背景——中华民族的深重灾难和不屈不挠的奋斗历程，以及这部作品本身的丰厚内涵和深刻主题。一堂课下来，刘教授往往要沉思良久，边回忆课堂上的细节，边思考并设计下一堂课的内容。

刘尚焜教授说，孙岩身上最珍贵的东西之一是他超人的毅力和刻苦。

长时间弹琴使孙岩的手指甚至磨出了硬茧，为了不影响触感，他把硬茧剪掉，而剩下薄薄一层表皮的手指又被磨出了血，往往是一曲弹奏下来，琴键上沾满了血。胳膊练肿了，他就用刘教授治疗脉管炎的周林频谱治疗仪来消肿。天气闷热，沙彦华就在孙岩的琴凳后面放一台电风扇，二十四小时连续不间断地吹着；电扇的塑料底座竟然都烧漏了，可孙岩还是热得全身长满了痱子。沙彦华只得在孙岩身边预备一桶清水，不断用毛巾给儿子擦汗。长时间高温久坐让孙岩吃不下饭，孙富强便不顾自己身体肥胖怕热，每天钻进厨房，给儿子变换各种花样做饭，他也长了一身痱子，又疼又痒……有一段时间，刘教授的脉管炎发作卧床不起，所有学生的课程都停下了，但他仍然躺在床上坚持给孙岩上课。

短短一个半月，孙岩的八度与和弦已经有了很大进步。师徒二人开始进入到《黄河颂》的读谱阶段。孙岩无法看乐谱，沙彦华请人帮忙把乐谱报出来，包括乐谱的结构、声音、段落、句子、指法、位置……并用录音机录下来，方便孙岩反复收听、练习、记忆。整整一个夏天，孙岩把自己关在房间里，脑子里只有一个形象：奔腾不息的黄河。三个月，孙岩奇迹般地完成了《黄河颂》的训练！

如今刘教授回忆起那段经历，不无感慨地说道："那是一步险棋，孙岩走过来了……"

在"远南残疾人运动会"开幕式上，二百多名武警战士托举着孙岩和一架钢琴，从工人体育场门口一直走到会场中央，在众人的托举中，孙岩演奏了慷慨豪迈、荡气回肠的《黄河颂》。这被托举的感觉深深地印在了孙岩的记忆里，在以后的成长过程中，孙岩越来越深刻地体会到：一路走来，正是有这样许许多多人的托举，才有了自己的今天。

而彼时彼刻，在电视机前观看演出的刘尚焜老教授亦是思绪万千地落下泪来——回忆那样一段艰辛的训练过程，他庆幸自己能够帮助孙岩安全而又完美地走过来；这叹为观止的"人生八度"训练，又何尝不是一个生命的奇迹！

即使挂满奖章仍是一棵树

《黄河颂》的演奏让孙岩誉满全国乃至世界。一时间，国内众多媒体纷纷前来采访和报道孙岩的故事，其中还包括当时具有极高知名度的中央电视台《东方时空》栏目。更令人惊喜的是，这次演奏也震撼了大洋彼岸的英国皇家盲人图书馆的工作人员。当他们得知孙岩学习音乐都是自己制作盲谱时，立刻写信让孙岩把需要的盲谱列个清单。他们按照清单无偿给孙岩邮寄了十六本盲谱，并写了一封热情洋溢的信：

亲爱的孙岩：

非常感谢你充满爱意的来信及照片，你寄这些物品来真是太好了！

来自读者的问候给我们的工作带来了极大的乐趣，你刻苦学习换来了优异的成绩，我们永远乐于在各个方面帮助你，再次恭祝你获得“全国十佳少年”的光荣称号。

我们编了一个钢琴方面的目录，尽管相当一部分是边印边增加，但可以给你提供一些我们藏书的情况。我们已经给你寄去了十六本乐谱，而且复制了一份，所以你不必归还。

遗憾的是，你所要的部分乐谱我们没有，我们不得不特别为你译成盲文。

……

附寄一张从旧的年度报告上抽出的我们发行部的照片：同事们正在忙于发行，Nesbitt 夫人正坐在地板上忙碌。

把我们全部最美好的祝愿送给你，再次谢谢你！

发行部经理

你忠实的 A. Shaw A. L. A 夫人

孙岩自己常常对别人说的：“我是幸运的，生活在一个美好的时代，生活在一个温暖和谐的社会，我的成功更是社会进步的体现、社会文明的象征。”

面对纷至沓来的荣誉与赞美，沙彦华始终保持冷静清醒。她深谙“谦受益，满招损”之古理，孙岩略一表现出骄傲的言行，她便感到不安，生怕儿子走上歧途。

往往在孙岩刚刚拿到奖牌、脸上绽放的笑容尚未收回的时候，沙彦华已经在一旁提醒："所有得到的荣誉都属于过去，不能代表永远，要想保持永久的荣誉，就要不断努力。"每一次演出、比赛，沙彦华坚持站在台侧，注意孙岩演奏的每一个细节——她并不是像大家那样在欣赏，而是在观察儿子的不足之处。"孙岩，你的成绩妈妈就不用再说了，都在那里摆着呢。妈妈对你的批评都是在99.9%对你肯定的基础上提出来的。越是大家都在夸赞你的时候，做妈妈的越需要冷静。"每次演出之后，沙彦华都是这样一番开场白。每次一下台，沙彦华就一边给儿子擦汗，一边给儿子讲今天的演奏哪一段有所欠缺，包括上台的仪表、敬礼、谢幕，她都要把问题一一指出来。即使在孙岩十岁生日的那一天他捧回了"维纳斯"金杯，沙彦华也铁面无私地给儿子"降温"：

"这个奖是给你的最好的生日礼物，过生日你又长了岁，下一步该怎么做？你应该为下一个生日准备礼物。"

小小的孙岩无法理解妈妈的做法，经常不满地抗议："妈妈从来都不夸奖我，总是给我泼冷水……"

但是沙彦华知道，一个人只有正确利用所学的东西，正确看待获得的荣誉，才有可能走得更远。如何让孩子正确看待荣誉而又不至于太过打击孩子呢？沙彦华耐心地给孙岩讲解了自己的一番良苦用心：

"孙岩，你拥有太多的鲜花、奖状和奖牌，但走出鲜花簇拥的场合，走下舞台的时候，你把这个金牌翻过来，仔细想想你的金牌是怎么得来的？你自己固然付出了许多努力，但是没有老师的培养，没有社会的关爱，没有家人的关心，你能有今天的成绩吗？如果把金牌的比重分成一百份，你个人能占百分之几？奖牌只是通过你体现出来而已。老师优秀、环境优秀、家庭优秀、社会优秀，使得你自认优秀，你优秀是对的，你自己本身也必须优秀，才对得起老师，对得起家庭和社会。如果这样看待你的成绩和荣誉，你就会很清醒，很努力，就会知道自己今后该怎么做。成绩和荣誉只能对当时的学习和工作给出一个肯定，只有这样看待荣誉，你的人生才会快乐和幸福。”

在小学四年级的思想品德课上，孙岩听到了居里夫人的一个小故事：有一天，居里夫人的一个朋友来她家做客，突然看到她的小女儿正在玩英国皇家学会刚刚颁发给她的金质奖章。他惊讶地说：“英国皇家学会的奖章是极高的荣誉，你怎么能给孩子玩呢？”居里夫人笑了笑说：“我是想让孩子从小就知道，荣誉就像玩具，绝不能看得太重，否则将一事无成。”这个故事深深触动了孙岩，他一下子懂得了妈妈的“清醒”——不为名誉所累，倾心专注事业。

2007 年春节，孙岩一家从北京回到长春与大家族的亲人团聚。在祝酒的时候，沙彦华提到在座的每个孩子的学业和工作，对每个孩子都一一给予了肯定和鼓励，唯独没有提孙岩和妹妹孙泉。事后，沙彦华对儿女们说："对不起，在家宴上，妈妈没有提你们的学业和成绩，委屈你们了。你们俩在北京的学业妈妈没法说，我担心无意中说话会让别人多心，要懂得保护别人的自尊。你们取得的成绩妈妈心里有数，希望你们理解。"

在沙彦华的影响下，孙岩学会了谦虚、低调做人，不卖弄，时刻清醒地认识自己。他的成长也被写成故事入选到思想品德书籍当中。孙岩觉得如果自己的荣誉观同样可以给大家带来进步，也不失为一件好事。

"荣誉，只不过是把奖章挂在了你的身上，其目的是要用你的故事去鼓励别人。奖章不能挂在故事身上，必须挂在实体身上，当然就会找一棵树挂一下，而这棵树要茂盛到足以让别人在底下乘凉，足以吸收有害物质和二氧化碳，我只不过就是这样一棵树。这种参天大树多了就成了森林，就变成氧吧，使得整个社会的空气变得清新馥郁。荣誉这个东西总是要寻找一个载体，我不过就是这样一个载体，一个阶梯，让人顺着这个阶梯，顺着我的足迹去攀登，去达到更高的目标。"

第 3 课
坚守自己的梦想

梦想与现实的距离，仅仅是行动——梦想一旦被付诸行动，就会变得神圣。

——阿·安·普罗克特

许多人心底，都深藏着一个个模糊的“梦想”，但只有少部分人最终将之付诸行动，并持之以恒地追求。缺少梦想的人生，就好像没有动力装置的火车头，难道能够指望自然的狂风去推动它沉重地前行吗？又或者，有人在追求梦想的道路上走走停停，遇到苦难阻碍就掉头而去，这就好比去登山，又想领略山巅的美景，却又畏惧山路的崎岖艰险。而这两个梦想困境，孙岩都凭着坚毅和勇气冲破了……

勇敢说出自己的梦想

在当今社会，“梦想”这个词仿佛百无一用。人们不敢相信梦想能给自己带来房子、车子、稳定的收入和良好的社会地位。大多数时候，人们都把那些看得见、摸得着的东西当做自己的目标。可是，为了追求那些“可见之物”而放弃“梦想”的人们，依然无法摆脱“求不得”的烦恼。究其根本，是因为刻苦追求梦想的人，享受着梦想实现过程中的每一步成长，虽然道路漫长坎坷，充满了艰辛、挫折、失败和眼泪，但是每一个小小的进步都会因为之前的痛苦而变得异常珍贵，每一步前进中都充满了胜利的欢乐。而一味看重结果、只认定抓在手中才是得到的人，甚至为了得到权力、物质的满足而不择手段的人，永远无法体会到追求梦想过程中的幸福，而只能生出“求不得”的哀叹和怨天尤人。

许多父母从不跟孩子探讨关于“梦想”的话题，甚至当孩子说出自己对未来的一些朦胧设想的时候，还会打击孩子，说他们不切实际，只想让他们关注眼前的考试成绩、怎样找到一个好工作、怎样在社会上安身立足。父母的不勇敢和短视，往往直接扼杀了孩子的远大抱负和美好追求。

有这样一则小故事：罗伯特是一名成功的海上货运商人。小时候，他父亲经常带他到海边玩。面对大海和往来的船只，父亲喜欢借景生情地给罗伯特讲述一些生活道理。然而年幼的罗伯特根本听不进去，也不放在心上。反而是那些穿梭往来的巨轮引起了他的兴趣，他觉得那么大的轮船能在风浪中航行简直不可思议，那些在巨轮上指挥自如的船长和水手，更加令人钦佩。

一次，父亲又一如既往地打开了话匣子，却被小罗伯特打断了，他指着大船对父亲说：“爸爸，我将来也要做大船的船长！”说完，他用期待的眼神望着父亲。

父亲愣住了，发现儿子并没有听自己的“演讲”。但是他并没有责怪孩子，而是高兴地鼓励他说：“好孩子，真有志向！但是，做一个船长非常不容易，他必须考虑很多问题，思考必须很全面。”

接着，父亲便给儿子讲述了许多做船长应该具备的本领，比如，在海上遇到风暴，船长应该怎么办？海上的天气变幻莫测，船长应该掌握哪些知识才能随时预知天气？……

父亲没有想到，自己几句简单的话，却影响了罗伯特的一生。因为当时父亲不但没有否定自己的梦想，反而给予了鼓励，还给自己出了不少主意。于是罗伯特从小就树立了做船长的梦想，并向着这个目标不断努力。后来他创办了海上货运公司，拥有了自己的船队，成为一名成功的海运商人。

并不是每个孩子都能清楚地意识到自己的梦想。聪明细心的家长，应该成为善于观察孩子、发现孩子的特点的“梦想启蒙人”。孙岩的家人在这方面非常成功，在孙岩几岁大的时候，他们就观察到音乐对孩子的影响。他们通过孙岩在漏雨的房间里倾听雨声而发现孩子特别喜欢具有节奏、韵律的声音；他们通过孙岩站在邻居家门口专注地倾听琴声而感受到孩子对音乐的痴迷；他们珍惜孩子无师自通地在玩具琴上弹奏曲子的早慧，义无反顾地为孩子的学习投入金钱、精力和感情。在孙岩走向音乐殿堂的道路上，各种鲜花、掌声、奖章、荣誉，不仅是孙岩用自己的勤奋与汗水换来的，更与他家人全力以赴的投入分不开。

寒来暑往，1997 年，孙岩跟刘尚焜教授学习钢琴已经六年。此间，孙岩赢得了一连串的荣誉：1994 年，在第六届远东及南太平洋地区残疾人运动会开幕式上，孙岩以一曲雄浑壮阔的《黄河颂》打动了世界，赢得了“钢琴小王子”的美誉；1995年，孙岩以身残志坚、自强不息、拼搏向上的精神赢得了“第四届全国十佳少先队员”的称号；1997年，在第四届全国残疾人艺术汇演中，孙岩又以一曲《贝多芬奏鸣曲》获得“汇洋杯”表演一等奖……

孙岩不但以逐渐纯熟的艺术造诣赢得了荣誉，他的勤奋进取、执著追求的精神也越来越多地在社会上产生影响。1997年，在北京展览馆举办了中国残疾人事业“辉煌的五年”成就展，孙岩在那里用五天的演出感染了无数到场观众。现场观众在孙岩《歌唱祖国》的琴声里情不自禁地合唱；一位九岁的孩童专程来听盲哥哥的演奏，希望跟孙岩“成为好朋友”；一位叫新升的观众激动地在留言簿里写下“美好的旋律使人感到世界到处充满了阳光”；另外一些被孙岩音乐深深打动的观众在留言簿上写道：“心灵的明亮十倍于阳光”；“在不平等的条件下争取平等的人格、平等的成就”；“日子化作音符，生活串起旋律，你是一首生命的歌”……

在成就展演出现场，孙岩除了赢得众多国内外观众的肯定之外，还获得了中国著名钢琴家刘诗昆先生的亲自指导，另一位著名钢琴家鲍蕙荞女士则为孙岩提供了演出现场的钢琴。时任中国残联主席的邓朴方在现场也拉住孙岩的手，亲切叮咛：“好好向刘老师和鲍老师学习，你应该成为咱们中国残疾人最优秀的钢琴演奏家。”

众多的荣誉、肯定、鼓励，仿佛给小孙岩的心里注入了一股力量，这个力量在他内心渐渐化为对梦想的渴望和大胆追求梦想的勇气。

终于有一天，孙岩勇敢地说出了自己的想法：“爸、妈，我想到北京，到中央音乐学院继续学习！”

找寻梦想的铺路人

这是多么勇敢的梦想！这同时也是选择了多么艰难的一条路……在追求梦想的漫漫征途中，往往不能缺少一些默默奉献的铺路人。是他们，在追梦人感到疲倦懈怠的时候，及时伸出温暖而充满力量的援手；在追梦人感到迷茫而失去方向的时候，用冷静客观而具有高度的视角点醒梦中人；也是他们，永远关爱追求梦想的人，尊重追求梦想的人，乐于无私地为追梦人打扫铺设一段金光大道。

沙彦华，正是孙岩追求梦想的铺路人之一。

“家长就应该是孩子攀登人生高度的阶梯，如果这个阶梯你不给他搭，他永远不会走上人生的高度。”这是沙彦华在教育孩子中一直秉持的理念之一。她不仅站在母亲的角度照顾孩子的日常生活、监督其学业，更始终保持对于人生高度的追求，从而用自己的言行影响着孩子们的成长。

孙岩要去北京深造的要求让孙富强和沙彦华夫妻面临艰难抉择。孩子大胆地提出了这个要求，可见其愿望之强烈；但是作为一对普通夫妻，他们在北京举目无亲，更与音乐界毫无关系，如何说服一向以招生标准十分严格著称的中央音乐学院接受一个盲孩子呢？而且此时，沙彦华凝聚了十年心血的服装厂正发展得红红火火，当年白手起家的事业如今可谓如日中天。

沙彦华一直是个要强的人。中学时期，她成绩优异，能歌善舞。“文革”开始后，由于家庭出身不好，十八岁的她被迫放弃学业到吉林省洮儿河农场下乡。在乡下的十二年间，无论多么艰苦、孤独、无助，沙彦华始终咬牙坚持，身躯瘦小的她却在各项劳动中走在前头，多次被评为劳动模范。她没有像当时许多相同命运的女孩子一样，早早在当地找个可靠的人家作为终生归宿。十二年孤军奋战，沙彦华坚信自己早晚有一天能够回到家，拥有一个全新的未来。直到三十岁，沙彦华回到长春，经人介绍，才与孙富强结婚。这在当时是极少数的晚婚。

艰苦的十二年农场生活，改变了沙彦华的命运，也锻造了她坚韧刚强的性格，她坚信：“只要努力，一定会成功，生活一定会越来越好。”

正因此，当沙彦华迎来孙岩这样一个特殊的孩子的时候，她能够很快从痛苦和绝望中走出来。“作为母亲，面对孩子的不幸，唯一的选择就是坚强起来，只有母亲坚强了，孩子才会得到快乐。”沙彦华凭着坚强的意志，与丈夫同甘共苦，一同“下海”经商创业，为孩子挣钱攒医药费、买钢琴、赚学费。她利用自己服装设计专长，从一个小小门面的服装店开始，渐渐开成连锁店，有了自己的工厂，她设计的服装甚至一度远销到东南亚各地。1986 年到 1996 年，整整十年，沙彦华为了孩子而开创了属于自己的一份服装事业。

然而，“下海”的第一天，沙彦华就在心里发誓：“我赚钱的目的是为了供孙岩学习……为了他的学习，其他任何事我都要提得起、放得下！”

经过一番思量，沙彦华毅然决定：关闭服装厂，自己带孙岩去北京拜师学琴！

在媒体采访中，孙岩曾多次提到自己生活在一个“好年代”。的确，在孙岩成长、追梦的路上，除了沙彦华，还有许多“铺路人”在帮助他。从最初的张立文老师、刘尚焜老师的倾心传授，到后来在北京接触到过刘诗昆、郭志鸿，以及在中央音乐学院时的恩师杨峻教授，直到时任中国残联主席的邓朴方、中国残联以及吉林省残联领导的一路关照，李克强书记等高层领导人的亲自过问关怀，乃至全社会各界人士的关心、鼓励、赞扬……他们的支持与扶助，都在关键时刻给予了孙岩莫大的力量。

十二岁的孙岩在一篇作文中写道：

"假如给我三天光明，我要好好看看给予我关怀和爱心的人们，永远永远记住他们的音容笑貌；假如给我三天光明，我更要好好看看祖国的锦绣河山，看看我们这个美好的世界……"

1997年，时任中国残联理事长刘小成非常关心孙岩，沙彦华试着向他提出孙岩想到北京学习的想法。刘小成立即爽快地说："那我们共同努力吧。"

雷厉风行的刘小成马上向邓朴方主席汇报了这件事，中国残联立即组织人力物力，在生活、学习和经费上，都给予孙岩大力的支持。在中国残联的安排下，沙彦华母子住进了北京"台办招待所"宁静的四合院，一日三餐由中国残联给予补助。中国残联还联系了钢琴大师刘诗昆，安排孙岩每天到他的钢琴艺术中心去练琴。

在众多力量的支持下，孙岩迈出了奔向梦想的第一步，开始了崭新的求学历程。

跟大师学艺德

刘诗昆，被西方媒体称为“中国最卓越的钢琴家”。3岁学琴，5岁登台演奏，17岁在匈牙利荣获“李斯特国际钢琴比赛”特别奖，19岁，在莫斯科举行的被誉为“国际乐坛最高奥林匹克赛”的“第一届柴可夫斯基国际钢琴比赛”上荣获亚军，从此蜚声世界乐坛。1996年，刘诗昆在北京开办了第一所中国内地的“刘诗昆钢琴艺术中心”，把主要精力投入到针对幼儿、孩童的钢琴教育事业。

1997年，北京刘诗昆钢琴艺术中心迎来了一位特殊的“琴童”——孙岩。在中国残联的介绍下，孙岩在北京等待入学的这段日子里，可以每天到艺术中心的琴房来练琴，以保证不荒废学业。刘诗昆先生与孙岩并非初次谋面，在同一年举办的中国残疾人事业“辉煌的五年”成就展上，他就亲见了孙岩的钢琴演奏风采。当看到一个盲孩子竟然能够如此娴熟地弹奏美妙的音乐时，他被这个孩子身上的顽强毅力深深地感动了，他说，“看到孙岩，好像看到了年轻时候的自己”。当中国残联找到他，请他安排孙岩练琴的时候，他立即一口答应了，不仅同意孙岩在自己的琴房免费练琴，还竭力为孙岩上学的事情奔走、联络。

钢琴艺术中心的琴房按常规只在周六日有学生上课时才开放。孙岩来了以后，每天早晨八点，艺术中心的老师准时把12号琴房打开，专门留给孙岩使用。每当空闲的时候，刘老师都会来到孙岩的琴房。他一般会先站在门口静静听一会儿，等到乐曲告一段落才轻轻走进去，拍拍孙岩的肩膀鼓励他：“弹得不错！”之后，他会轻轻握住孙岩的手，手把手地指点他哪里该用力、哪里该轻缓……

与孙岩交流的时候，刘老师的动作和言语都非常轻柔。他向工作人员解释说：“孩子看不见，如果突然在他身边做动作、说话，会吓到他；而且他也无法看到别人的表情，所以说话的时候一定要注意音调，不要让他误会情绪。”

孙岩在等待入学的一年时光里，虽然时时因希望渺茫而感到痛苦，但他却又何其有幸，得到了刘诗昆这位国际级钢琴大师的亲自指点。从他的身上，孙岩不仅得到了钢琴技艺

孙岩母子与刘诗昆先生

上的提升，更多的是领略到了宽厚、博爱的大家气度，深深感悟到“赠人玫瑰，手有余香”的真谛。

沙彦华是个好强的女人。每天早晨，她早早起床，帮助孙岩洗漱、穿戴、吃早饭，即使孙岩自己看不到，但她始终保持孙岩的衣着整洁、得体；她悉心地给孙岩带好热水、随身用品，才把儿子送到琴房。在一些生活细节上，自己能够做到的，沙彦华尽量自己做，她叮嘱儿子：“尽量不去饮水机接水，以免给别人添麻烦。每次用完座便，要记得用手纸擦干净……”严格的自律，是优秀品质和高贵修养的前提。沙彦华母子的一举一动，处处体现着严谨、勤勉的做人姿态。刘诗昆看在眼里，钦佩在心中。

刘诗昆了解到沙彦华独自带着孙岩在北京生活，在北京没有任何收入，日常开销都靠老家亲人支持，便在艺术中心给沙彦华安排了一个工作岗位。工资待遇在当时的北京也堪称优厚，这个举动对于孙岩母子而言简直是雪中送炭。但是沙彦华也并非白白领受他人馈赠，曾经成功创业的她，很快就在岗位上展现出出色的工作能力，以至于渐渐成为艺术中心的工作骨干。

刘诗昆面对媒体解读自己对孙岩母子提供帮助的心路历程时，曾经这样说过：

"如果我不帮助孙岩，他可能会荒废学业，这不仅对他个人，对国家也是一个损失。弹钢琴是件非常不容易的事情，对一个健全人来说都是十分艰巨的，更不要说一个盲孩子了。钢琴八十八个琴键，这么长的键盘，这么多的键，弹一个高难度的曲子，手要移来移去的；大跳，从这个音跳到那个音，这都需要依靠视觉，但是作为一个盲人来讲，根本看不见，完全依靠自己的感觉，很容易弹错。如果不是凭着顽强的毅力刻苦训练，根本无法完成。而孙岩所拥有的顽强毅力，是许多健全人都没有的。"

怜才、爱才、惜才，培育人才，这便是刘诗昆帮助孙岩的朴素动力。无论哪一个领域，传承发展的希望都在未来。艺术不仅仅可以成就某个人的一生辉煌，还可以影响一个时代的精神；艺术也不仅仅局限于某一段经历、某一个年代、某一个领域，更应该肩负推动整个人类文明进步的重任。

在刘诗昆艺术中心度过的一年，孙岩从刘老师身上领受到了“艺术的真谛”，这将令他受益终身。

“碰壁”是梦想的纪念碑

去爱吧，就像不曾受过伤一样
跳舞吧，像没有人会欣赏一样
唱歌吧，像没有人会聆听一样
干活吧，像是不需要金钱一样
生活吧，就像今天是末日一样……

梦想，如同一件绝世珍品，它独一无二，纯粹而没有杂质，它历久弥新，需要人们抛除一切杂念去追寻，它绝美而易碎，需要坚持不懈地呵护它、珍惜它，用始终如火的热情去保养它。

追寻梦想的道路总是荆棘丛生、阴云密布，然而，一次次的“碰壁”也正是追梦人所必须穿越的关卡，是成就梦想的“敲门砖”。

虽然得到了中国残联的大力支持，孙岩的求学之路依然遇到了一堵难以逾越的“铜墙铁壁”。

邓朴方亲自与中央音乐学院协商孙岩学习一事，王次炤院长对此事表示积极支持，立即着手安排。王院长安排孙岩去音乐学院附中学习，但是在谁能给孙岩担任钢琴主课老师的问题上，王院长却一筹莫展。几位附中的老师提出了相同的问题：“他看不见谱子，我们怎么教？”虽为院长，但王次炤也不能勉强教授们做一件自己力所不及的事情。

“这个孩子弹琴的毛病这么多、这么业余，就是到了我头发全白了也不一定能教得出来。全国身体健康、弹琴优秀的孩子多得是……”一位教授的话深深刺伤了沙彦华母子，他们哭着离开了学校。

孙岩上学的事情就这样搁浅了。

有人劝告沙彦华：“别在这儿浪费工夫了，在别的地方下功夫，孩子不是一样享福吗？”

“有钱是可以给孩子安逸的生活，但孩子自身的价值呢？我要让儿子活出自己的尊严来，活出自己的价值来，至少让他感觉到，自己来到这个世界上不是一个寄生虫，他有他的自我价值。我宁可带孩子住火车站，也要坚持给他找到学校!”这是沙彦华坚定的回答。

然而，这是一段何其漫长而无望的等待啊。沙彦华不知道在等待谁来接纳儿子，也不知道能做些什么来改变现状，更不知道，儿子的命运将何去何从……她唯一能做的，就是坚持等待。

这对儿母子的坚持感动了不少人。中央音乐学院资深教授郭志鸿从刘诗昆处得知了他们的情况，主动对沙彦华说：“孙岩没有上学前，我先教他一段吧，不收任何费用。”郭教授带了孙岩三个月，不仅在专业上给予孙岩精心指点，更给了他们母子精神上的莫大支持。一日为师，终身为父。郭教授在关键时刻的援手，令母子俩念念不忘。

世间最难以打破的障碍是人心，虽然中央音乐学院附中已经同意接收孙岩入学，但始终没有人愿意担任他的专业课老师。沙彦华感到了深深的绝望。为了儿子求学，沙彦华和家人一直在努力坚持，如今她只身一人带儿子来北京深造，不仅放弃了自己的事业，也把丈夫、女儿孙泉乃至家庭都放下了；沙彦华的老母亲许多年来一直为了孙岩而操劳，如今年事已高，身为女儿却又不能在老人身边尽孝；而孙岩的恩师张立文、刘尚焜，乃至更多亲人、朋友一路对孙岩的成长关怀备至，孙岩决定到北京求学，他们也对此寄予了深深的期待……所有这些，都背负在沙彦华一个人身上。这份坚持中，背负着太多、太殷切的情感，而这些情感，积淀的时间也太长、太过深厚，如果不能冲破障碍前行，沙彦华觉得自己将会在这样的情感压力下窒息。

一天，在外奔走一天却全无收获的沙彦华回到刘诗昆老师的琴房接孙岩。站在琴房门口，她听到的是杂乱的琴声——孩子没有好好练琴！沙彦华怒上心头，她忍着气把孙岩带回招待所房间，一下子就爆发了：

“为什么不好好练琴？我们今天这么艰难究竟是为什么？那么多人等着你的好消息，你却不好好练琴，你太让我失望了……”

沙彦华哭着、骂着，疯了一样打着儿子。这一年里遭受的拒绝、白眼、失望，全都在这一瞬间涌上心头。她一直坚强地保持理智，是因为儿子需要她的支持、保护，而此时此刻儿子的自我放弃、意志消沉，仿佛一根梗在心头的针，一下子刺破了沙彦华最后那层脆弱鼓胀的坚强。沙彦华打累了，却止不住哭泣。

孙岩站在那里，一动也不动，任凭妈妈的巴掌雨点般打在身上，他咬牙忍着疼，不掉泪。十四岁的孙岩，此时一肚子委屈：从三岁抱起小琴的那一刻，他的生活几乎都交付给了音乐。别的孩子的童年里，充满了游戏、调皮、撒娇、享受，而他的全部游戏和娱乐，就是钢琴。想要消遣吗？坐在琴凳上弹一曲吧；想要开心吗？坐在琴凳上弹一曲吧；想要成就吗？依然是坐在琴凳上弹奏……钢琴就是他生活的全部内容，既是他的痛苦磨炼，也是他的快乐源泉。妈妈的心血、家庭的付出、老师的培养、社会的关爱……一路走过，孙岩身上也背负着同样沉重的包袱。他渴望追求梦想，渴望在北京找到继续深造、成就梦想之路，然而一年来，这条路看上去越来越走不通，自己的梦想正渐渐远去、幻化、破灭——这条路太难了！他这么辛苦地咬牙坚持，等到的却依然是对他紧闭的大门。小小年纪的他已经从中体验到了“痛苦”。妈妈打他，疼在身上；可是梦想受阻，却疼在心里。他多么渴望抱着妈妈痛哭一场啊！但是他的倔强与沙彦华同出一辙。他知道自己此时不能哭，自己的眼泪简直就是向妈妈的伤口撒盐。

痛哭过后的沙彦华冷静下来。看着儿子被自己打得红一块、紫一块的脸，她的心在流血。学琴的孩子没有不挨打的，但是沙彦华很少打孩子。正常孩子，如果父母打过来，他知道躲闪，而对于孙岩来说，打一下，他会被吓一跳，心理上的阴影远远超过挨打的痛。她一下子抱住儿子，再一次痛哭起来……

不经历跌入低谷的惨淡和心如死灰一般绝望的“大悲”，

便永远无法体会到战胜自我、登上尖峰一刻的“大喜”。这漫长、艰辛等待的一年，这处处碰壁、饱受白眼的一年，深深印在孙岩的心里。在日后继续征战的追梦路程上，这个“碰壁”的经历如同一座纪念碑，让孙岩永远记得坚持梦想的艰难、痛苦，以及那拨云见日的莫大欣喜。

梦想永远在路上

为梦想坚忍守候，是对生命的最大敬意。在时光流走中不抛却，在遭遇挫折时不放弃，在卑微渺小时不动摇，在富贵荣华前不改变……追求梦想的人，永远在路上。

寒冷料峭的春寒过去了，转眼已是五月繁花的初夏。沙彦华和孙岩还在苦苦等待钢琴主课老师的出现。这对母子的坚忍守候深深地震撼了刘诗昆老师，他越来越迫切地想要帮助他们，让孙岩早日进入音乐学院学习。毕竟，他并不在音乐学院里任教，他无法长期、系统地教授孙岩课程。究竟谁可以并乐于给孙岩担任老师呢？刘老师苦苦思索，突然，一个名字跳出了他的脑海——杨峻！

杨峻是刘诗昆的老同学，当时正在中央音乐学院钢琴系担任教授、系主任。刘老师感到一阵兴奋："怎么早没有想到他呢!"

他有一种强烈的预感：杨峻会收下孙岩这孩子。这不仅是因为杨峻的资历——作为音乐学院的教授，杨峻拥有四十余年的教学经历，桃李满天下，是蜚声中外乐坛的知名钢琴教育家；更因为他的品性——他为人善良、正直、富有爱心，有奉献精神和宽广无私的胸怀。

刘诗昆老师立刻拨通了杨峻教授的电话……

仿佛早有准备，杨教授接到电话后，并没有多少意外。之前，他也或多或少地从老同学那里听到了这个盲孩子的事情，知道为了求学深造，这个孩子和母亲已经在北京苦苦等待了一年；也了解到这个孩子异常刻苦，聪敏过人，却迟迟没有老师肯接收，学业正面临停滞。杨峻在潜意识里并未想过要教一位盲人学钢琴，毕竟自己完全没有这方面的经验，但是，仁爱的天性，令他也曾经深深地为这孩子的前途担忧过。电话里，杨教授答应了老同学，来艺术中心听听孙岩的演奏。

1998年6月16日，这个日子令孙岩终生难忘。

那一天，正在刘诗昆艺术中心琴房里练琴的孙岩，突然听到了一个浑厚、颇富磁性的声音，这声音像是杨峻教授的。两年前孙岩曾听过他教钢琴的录像带，那声音让孙岩太熟悉、太难忘了。

他定神细听，没错，是杨老师。孙岩激动极了，脱口喊道："杨老师，妈妈你快看，是杨峻老师！"

杨教授走到孙岩身边问道："你叫孙岩吗？"孙岩点点头。"已经上附中了吗？谁是你的主课老师？"孙岩没有说话。

"主课老师还没有，校领导已经给几位老师做了大量的工作，但老师们还是有顾虑，都不愿意教，几个月已经过去了……"刚说了两句，沙彦华就忍不住哭了。杨教授似乎从这位母亲的眼泪里明白了一切。

"孙岩，你能弹一首曲子给我听吗？"

坐在琴凳上，孙岩长长舒了一口气，仿佛要把全身紧绷的肌肉都放松，尽量让自己平静下来。琴声响起，孙岩认真地弹起了黄河协奏曲第二乐章《黄河颂》。这支乐曲曾经让他飞跃了一个奇迹般的"人生八度"，而针对这部乐曲的训练，也饱含了他的艰辛、眼泪和情感。孙岩全情投入到演奏当中，那时而奔腾呼啸、时而温婉宁静的黄河，老教授刘尚焜那慈爱的面容，工人体育场中自己被众人托举的一幕，自己和妈妈在招待所房间里抱头痛哭的情景……孙岩的演奏如同一种倾诉，把他对于音乐梦想的强烈追求都一一道给了杨峻教授。

一曲终了。杨教授沉吟不语。

是好？是坏？孙岩和沙彦华的心全提到了嗓子眼儿。

过了一会儿，杨教授问："孙岩，你愿意跟我学钢琴吗？我收下你了。"

一时间，沙彦华不敢相信这是真的。自己苦苦等待和奔波了近一年的结果，就这样轻易得到了?！她不相信自己的耳朵，追问了一句："您真的收孙岩做您的学生了？"

"我收下这个孩子了。你去办一下手续吧。"杨峻又说了一遍。

沙彦华还是不敢相信，她又向杨教授强调："杨老师，教这个孩子您要付出很多精力的。"

一句话，说得杨教授感慨万千。实际上，在来艺术中心之前，他就已经对此在心中思虑良久。

作为资深的钢琴教育家，杨峻先生何尝不知教这个盲孩子要付出更多的时间和心血？倘若成功了，不仅成就了这个孩子，而且对于盲人钢琴教育领域也是一个有益的探索。但若是失败了呢？自己多年的时间精力将付诸东流，而最重要的，这样一个失败的教育案例，也很可能会给自己一生的教育盛名带来不小的负面影响。

但是，如果自己跟其他人一样，将这个盲孩子拒之于音乐之门外呢？这个孩子十来年付出的汗水甚至心血就将毁于一旦，也有可能这辈子再与音乐无缘。这无异于彻底毁灭这个孩子的音乐梦想。音乐就是这个盲孩子的光明，把他对于音乐的希望浇灭，无异于再次将他推向黑暗的深渊……

杨教授看着站在钢琴旁等待的孙岩，又看看沙彦华充满期盼的眼神，说："这是一个新的领域，我深知它的分量，但这个孩子的自强精神促使我去探索。"

"谢谢您，杨老师!"站在一旁的孙岩高兴得不知所措。

"不要谢我，只要你努力学习就是了。要谢应该感谢学校的领导、社会及所有帮助你的人。"杨教授说。

之后，杨教授又鼓励孙岩说："我们先试试，我没有经验，从来没有教过你这样的学生，我们共同努力，好好配合，你听我的话，我努力把你培养出来。"

"中央音乐学院的杨峻教授接收孙岩做学生了……"沙彦华立即把这个消息告诉了远在长春的亲人们，孙家和沙家两大家族欣喜若狂，六十多人联名给杨教授写了一封感谢信。

1999年5月，孙岩参加了中国残疾人艺术团举行的大型音乐舞蹈《我的梦》公演，朱镕基总理和夫人劳安观看了演出。演出结束的时候，朱镕基总理上台走到孙岩面前，说的第一句话就是："知道你上学了，我们很高兴，今天你的演出非常成功。谢谢你，谢谢你的老师。"

直至今天，无论在什么场合，只要一提起杨峻教授，沙彦华的眼里都会充满感恩的泪水：“美国的海伦·凯勒之所以能成为那么伟大的盲人作家，在某种意义上说，是因为她的老师更伟大。人们总说母亲为孙岩做了什么。是的，任何一个母亲对于自己的孩子都很重要，但并不是任何一个老师对学生都是非常重要的。然而杨峻老师却不同，如果没有杨峻教授，就没有孙岩一生的幸福。”

在2010年杨教授不幸去世后，沙彦华怀着悲痛的心情写下了肺腑之言：

我们想您

杨老师，您是孙岩的恩师，

您是我们家的恩人。

您走了——

可您留给我们的恩，

留给我们的爱，

留给我们的仁德，

将成为永恒！

杨老师，我们泪浸哀伤，

双膝跪地，

面仰苍天，

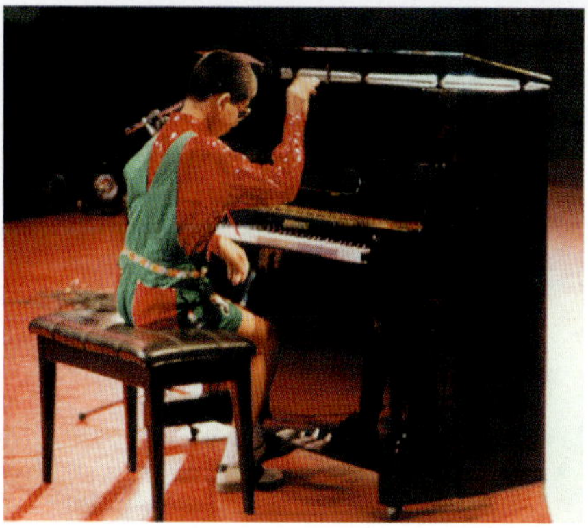

张立文老师为孙岩开启了音乐之门

刘尚焜教授为孙岩走上专业道路打下了坚实的基础

10岁获全国残疾人艺术调演金奖

在远东及南太平洋残疾人运动会开幕式上演奏

1995 年，孙岩获“全国十佳少先队员”称号时与有关领导合影

第四届全国十佳少先队员合影

朱镕基总理对孙岩说：“孙岩，我含着眼泪看着你的演奏，你的音乐给我们带来了艺术享受，你的毅力催人奋进，我希望中华民族拥有更多如此优秀的儿女！”

1993 年，孙岩第一次见到中国残联主席邓朴方

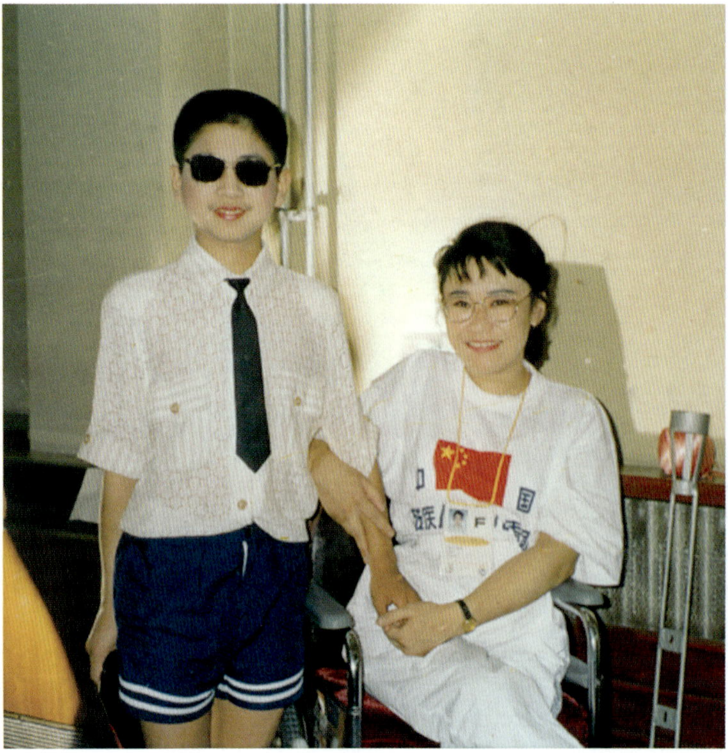

海迪姐姐身残志坚的精神对孙岩始终是一种鼓励

2010 年上海世博会，孙岩、刘诗昆先生与回良玉副总理、中国残联名誉主席邓朴方、时任上海市委书记俞正声在一起。

2010 年上海世博会，孙岩与刘诗昆先生为回良玉副总理演奏四手联弹

（柴建民摄影）

课后，刘诗昆先生像父亲一样关心着孙岩的身体情况

2000 年，刘诗昆先生指导孙岩弹钢琴

1997 年，孙岩、刘诗昆先生与中英谈判首席代表赵季华先生

1998 年，孙岩兄妹与刘诗昆先生在香港

在中央电视台《艺术人生》节目录制现场，孙岩母子向恩师刘诗昆先生献花

上帝没有给他明亮的双眼，但却赋予他足够的智慧和才華。孫岩通过坚韧不拔的努力，又使他的能力得到了昇華。我衷心祈望他会有无比光明的未来。

[illegible]

2009.11.16.

1998年，杨峻教授手把手
教刚入学的孙岩弹钢琴

杨峻教授（中）和吴迎教授（左）
在探究盲文五线谱

孙岩是一名非常优秀、非常有才华的学生。他身上迸发出了顽强刻苦、自强不息的优秀品格，不仅是残疾人学习的榜样，也是当代大学生学习的楷模。

王次炤——中央音乐学院院长

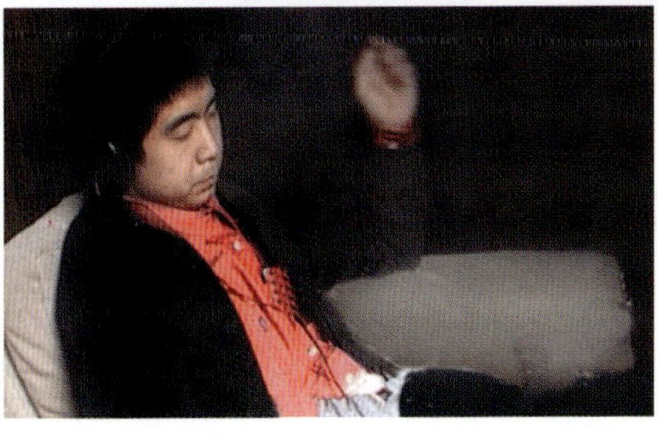

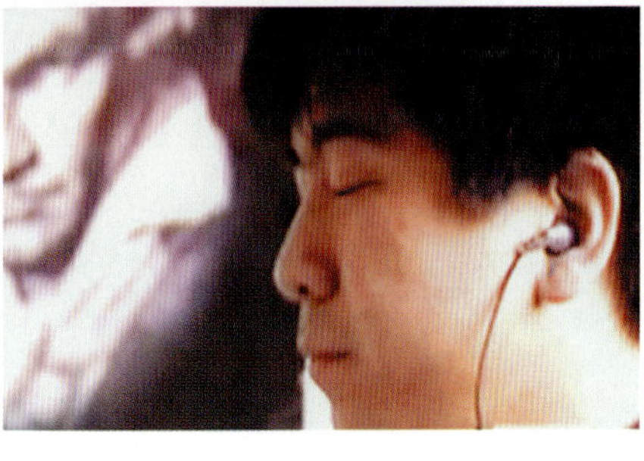

恩师杨峻已经故去，这是恩师生前孙岩献给他的最后一束花

感谢您，杨峻老师
SSO '04 1st Season Opening Concert
开幕音乐会
国际大师汇聚，中外精品纷呈！
Culture
人民日报
RENMIN RIBAO
你是精神的良师
被杨峻教授破格录用
艺术没有残疾
孙岩梦想成真
zhen Daily
Free Xmas supplement
Gunmen hold 57 hostages in Philippines
文化娱乐
孙岩：我要做人民的艺术家
让我看见阳光

钢琴演奏家的奋争历程
孙岩
子创造光明的天使
——记行走在永不言败路上的沙彦华
妈妈的吻
尝试 2:
儿子就是我的事业
华夏时报
"我感动得哭
用母爱点亮
儿子心灵的眼睛
——"看不见琴键的钢琴家"孙岩和他母亲的故事
18岁成钢琴
兩琴相樂 視障用心彈
亂寫 見首 校規
黃東裕 不見鋼琴四手聯
視障音樂家 心有靈犀一點通
新闻
緣琴
本报牵线，盲人钢琴演奏者喜见
为心灵之乐流泪

2005 年 1 月，孙岩荣获第一届国际残疾人钢琴比赛金奖

日本比赛现场

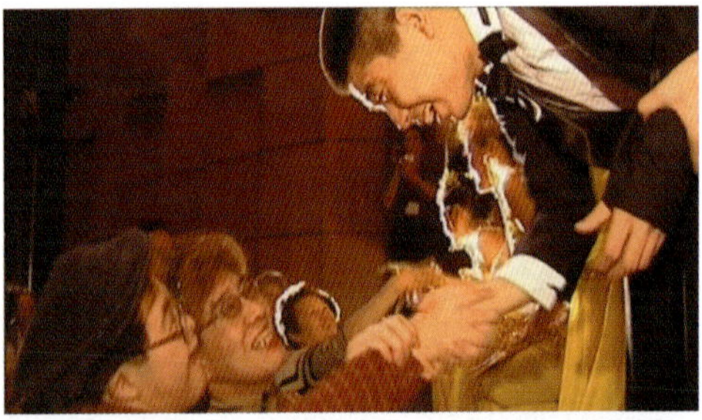

孙岩和大赛组委会主席在一起

合掌叩心

虔诚地为您祈祷——升入天堂！

杨老师，我们想念您，我们感激您，

您永远活在我们的心里；

您走了——已经走了三天了，

想必您现在一定前行在通往天堂的路上吧！

中国残联的工作人员接到沙彦华的电话时，简直不敢相信这个消息。为了让孙岩入学，他们成立了专门的工作组进行协调，将近一年都没有老师同意教孙岩。没想到德高望重的杨峻教授接收了孙岩，他们实在好奇，是什么魔力打动了这位钢琴教育家。这位工作人员也为此感到激动和兴奋，他在电话里脱口问道：

“你请杨教授吃饭了吧？”问毕，电话两头的人都大笑起来。

究竟是什么打动了杨峻教授呢？

事后，杨峻教授对自己的老同学刘诗昆说：“听那孩子弹琴，我没法说不。我听得出他是用心在弹。那一刻，我受到了震撼。我想收下他，但又担心他不会识曲谱。钢琴有漫长的历史、浩如烟海的文献，不似普通民间乐器般口传心授即可。没想到他却说：‘我会识盲谱，还会用盲笔在硬纸片上扎制盲谱。我还有一百四十本盲谱，是1994年英国皇家盲人图书馆送我的’……我一下子放心了。另外我还发现他手指的机能很好，很灵敏。”

但是最打动杨教授的还是孙岩的勤奋和人品，他对刘诗昆说：“这种非智力因素与高尚的人格是成为音乐大师的必备条件。一些很有才华的人正是因为缺少这些内在的东西而与大师擦肩而过。”

在杨峻的教育理念中，育人首先是助人进步，帮助有困难的学生进步是教师的天职。这位心怀博大、精神高尚的教育家，一下子改写了沙彦华一家人的命运，更为孙岩的艺术前途打开了一扇光明之门。

1998年9月，孙岩终于以一名中央音乐学院附中学生的身份走进了学校，走进了杨峻教授的课堂。

梦想，此刻，从这里，展开双翅，起飞了……

第4课
打造成功品质

自信是人生最重要的财富——你不是不幸，只是不便。你要把这种不便变成特点，启迪更多的人。 ——杨峻每天东升西落，为万物带来温暖，给人类洒下光明，是太阳的成功；春来生长，夏日绽放，秋天结实，冬季归泥，是花木的成功。宇宙苍茫，人生渺小，止步于某种时刻、某一荣誉或是财富积累、他人评价来谈成功，都难以免除外物纷扰所带来的动荡不安。成功是一种恒常。抱着完善自我之心，对宇宙常怀敬畏而谦卑处世，对他人感同身受而慈悲善良，做敢于直面挫折险阻的勇者，喜乐热忱地积极投入生活。拥有这样饱满完整的人生，便是成功。

锻造品格是走向成功的起点

任何事情都有一个起点，成功也不例外。机会主义者说，成功从机会开始——给我一个支点，我能撬起地球，关键在于那个“支点”的出现；辩证者说，成功从失败开始——失败是成功之母；实用主义者说，成功从方法开始——研究、模仿那些成功者的经验，用他们的经验复制自己的成功……而真正的实干者相信，一个能够拥有真实、持久成功的人，必然是拥有高尚品格的人。成功，首先应该从锻造品格开始。

杨峻教授接纳孙岩做弟子的先决条件，正是孙岩的勤奋和人品，这并非一朝一夕所能炼就的，而是多年培养和磨炼的结果。

沙彦华不仅努力给儿子创造学习的机会，更注重对儿子品格的培养。她一直坚信：让孩子做一个成功的人比做一份成功的事业更重要。

钢琴是一门高雅的艺术。而学琴则是个苦差事，不仅需要精湛娴熟的技艺，更需要广博的知识、丰富的文化素养和独特的理解能力，对于一个眼睛看不见的人来说，更是需要百倍于常人的意志和毅力的考验。沙彦华对儿子的生活照顾得无微不至，对儿子的学业却严苛得几近“狠心”。她对孙岩的要求是：别人能够做到的事情，他也一样要做到，不仅要做到最好，还要做到“唯一”。

很多孩子弹琴弹了一段时间后就中途放弃了，上万块钱的钢琴就成了家里的摆设。孩子爱好什么，家长就给买什么，可就是坚持不下来。很多家长向沙彦华讨教，如何从那么小就培养出孙岩的坚韧毅力呢？沙彦华奉以八字真言：坚持原则，决不妥协。

小时候，孙岩每天在琴上苦练，即使是春节也不例外。弟弟妹妹、邻家的小孩都在无忧无虑地玩耍，外面的鞭炮声此起彼伏，一派热闹喜庆的气氛，孙岩也坐不住了，恳求妈妈：“我不想练琴了，我也想玩……”沙彦华不是没有心软过——儿子才那么小啊，加上看不见，能够享受的乐趣本来就不多。但是她依然狠下心来，坚持要求儿子完成规定的练习才可以去玩。

做事要持之以恒，这是沙彦华对孙岩品格锻造的第一要义。

沙彦华常说："'溺'是什么？是害人。'小爱'大多停留于物质层面，'大爱'却重在精神与灵魂的锻造。"极为注重培养儿子无坚不摧的性格和坚韧不拔的毅力，这是沙彦华对孙岩品格锻造的第二要义。

1994年，十岁的孙岩为了训练远南运动会开幕式上的曲目《黄河颂》，每天要坐六七个小时练琴，电风扇二十四小时连续不间断地吹着，塑料底都烧漏了，可孩子还是热得全身长满了痱子。即便这样，每当孙岩向妈妈请求玩一会儿的时候，沙彦华都会说：

"练琴是不可动摇的，必须坚持，无论什么时候、什么场合，如果没有持之以恒的精神，什么事情都做不成。"

沙彦华虽然心疼孩子，但她深知如果家长妥协了，孩子就会大大退步。

为了管教孩子练琴，沙彦华也曾打过孙岩。但她很快发现这个办法行不通。一个视力健全的孩子，父母打骂的时候，他会有所防备；而盲孩子看不到，即使沙彦华会提前告诉儿子"我要打你了"，但孙岩依然不知道妈妈的手什么时候会落下、落在哪儿，最终，精神上的打击往往会大过挨打的痛。每次打完孙岩，沙彦华都会痛苦许久——巴掌虽然打在儿子身上，实际上却疼在自己的心上。

沙彦华无法接受这种双重惩罚，但孩子终归是孩子，总要有一些惩罚的办法才能起到管束的作用。

有一次，因为孙岩不好好练琴，沙彦华决定绝食，用惩罚自己的办法来管束孙岩。沙彦华整整绝食了两天。孙岩哭着把饭碗捧给妈妈："妈妈,吃饭吧！以后我一定好好练琴！"

还有一次，沙彦华下班回到家，一眼看见孙岩在玩玩具。因为孩子摆弄得十分熟练，沙彦华马上意识到，他肯定不是第一次玩了。

"孙岩，你把玩具放下，我们坐下好好谈一谈。今天我们作为朋友推心置腹地谈话，如果你觉得弹琴很苦，只是迫于妈妈的压力才弹的，弹琴对你是件很残酷的事情，咱们就不要继续弹下去了，不如你喜欢什么就做点什么。"沙彦华平静而严肃地说。

孙岩没有吭声。

"如果你不喜欢弹，我就把你的钢琴卖了。"那台八万多元的白色三角钢琴，是爸爸妈妈动用了几乎全部积蓄送给孙岩的礼物，听说妈妈要把钢琴卖掉，孙岩眼泪"唰"地流下来：

练琴

“妈妈，你太残酷了，我现在唯一喜欢的，你知道，就是音乐，你还要把钢琴卖掉，这等于在断送我的生命。”

沙彦华也意识到自己的话说得太重了。而孙岩也能够理解妈妈的用心，默默地坐回琴凳继续练着他的苦功……

逐渐长大的孙岩，已经在人生的字典里深深刻下了“自律”二字。

很多身有残疾的孩子往往性格孤僻，令人难以接近，其原因多与他们在成长过程中经常受到周围人歧视有关，而在家庭中，父母大多把培养他们自立当做重点，而忽略了孩子内在心理的成长和性格培养。沙彦华在这方面却非常重视。培养孩子健康、向上、乐观的人生态度，是她锻造孙岩品格的第三要义。“除了我儿子的眼睛，其他一切都可以改变。”沙彦华如是说。

在孙岩的大家庭里，每个人都对孙岩关爱备至，从没有人因为孙岩的残疾而歧视他。年幼的孙岩，从来都是和兄弟姐妹们一起蹦蹦跳跳地玩耍。年龄稍长，因为孙岩的成绩出色，家里的兄弟姐妹更是以孙岩大哥为榜样，积极地向他学习。

而面对旁人异样眼光的时候，沙彦华总是以自己的坚强来尽可能地替儿子遮风挡雨，并在适当的时刻，用恰当、正面的态度向儿子加以解释，让儿子学会包容、理解和释怀。

“即使外面正是暴风骤雨，出去了，只要打不倒我，我就可以走，可以感受暴风雨带来的痛苦和快乐，因为即使抱怨，你也要在这个环境里走，有时候，苦难是躲避不了的，也无处可躲。

“只要认真做好每件事，让社会认可，最大限度地实现他的价值，除了眼睛，身体其他器官功能让他最大限度地发掘。从孙岩小时候开始，我就一直是这样走过来的，风风雨雨，自己给自己加码，从来没有减轻，包括学习、生活，从来没有退缩过。就是这个现实，摆在我面前的只有两条路，

母子对光明的期盼

要么坚强，要么退缩。

“孩子需要母亲，如果你退缩了，孩子就没有办法坚持，孩子需要母亲的教育、呵护，起码在孩子需要的这个阶段是这样的。”

沙彦华的这种坚强个性，也在孙岩身上得到了充分的继承。

孙岩十二三岁的时候，妹妹孙泉四五岁，已经懂得在路边等待哥哥放学一起回家。一天，兄妹俩走在路上，几个小孩从身边经过，对着孙岩指指点点地说：“快看，快看，那是个小瞎子……”这是个难听的称呼，在孙岩的家人、亲戚、朋友、邻居中，从没有人这样称呼过孙岩。听到这个称呼，孙泉一下子难过地哭了，她为哥哥感到伤心，替哥哥感到委屈。孙岩虽然也感到这个称呼难以入耳，但眼见妹妹为自己如此心痛，他便顾不得自己的难过，一路学着妈妈的话，开解安慰着妹妹……

小小的孙岩，早已学会了宽容处世、乐观为人。

沙彦华锻造孙岩品格的第四要义，便是“专注、投入”。沙彦华要求孙岩，对于任何事，要做就做好，不然就不要去做。想要取得成就，就必须专注于一件事，全身心投入其中，否则就会失败。

在这方面，沙彦华正是用自身的行动来影响着孙岩。自从接受了孙岩先天失明这一事实后，沙彦华就下定决心要把儿子培养成材，决不让儿子成为一个真正意义上的“残疾人”。因此，为了成就孙岩的学业，她先后数次放弃了自己的事业。

从 1986 年起，沙彦华夫妻在长春开办了自己的服装厂，十年耕耘，生意蒸蒸日上。1997 年，正是生意最为红火的时候，为了孙岩继续深造，沙彦华夫妻毅然关闭了服装厂，由沙彦华陪伴孙岩到北京求学。夫妻二人没有一丝舍不得，因为他们心里清楚：做生意就是为了给儿子学琴创造条件。

1998 年，孙岩在北京的学习已经稳定，彼时沙彦华正在刘诗昆钢琴艺术中心工作，因工作能力强、认真负责，她得到的待遇很高。由于孙岩是中国残疾人艺术团的成员，经常会去各地演出，沙彦华需要陪伴左右，她感到这会影响艺术中心的工作。为了全心陪伴儿子，她再次决定放弃工作。虽然刘诗昆老师极力挽留，但沙彦华认为，无论在哪里工作都要一心一意，兼顾左右从来都不能圆满。她婉言谢绝了刘老师的好意。

此后的一次，沙彦华在一家商场给孙岩挑选衣服。由于是服装设计专业出身，沙彦华一直保持着对这个行业的喜爱。随意闲逛之时，她发现有个品牌的服装品质、做工都很好，若是有些款式能稍加改动，就会成为更为畅销的服装。沙彦华自言自语地说出自己的想法，却碰巧被这个品牌的负责人听到了，对方跟沙彦华一聊，当即提出请她去给他们的品牌做设计。面对这份待遇优裕的工作的诱惑，沙彦华动心了，毕竟这是自己一直心爱的行业，而高薪又可以贴补家用，多么两全其美的事情啊！可是，一想到孙岩的学习和生活暂时还离不开她，无法兼顾的原则让她再次放弃了。

很多人都觉得沙彦华这样做非常冒险——有的人甚至说这是孤注一掷。沙彦华说："说实话，我也不知道他今后一定会怎么样，如果有一步走不好，风险非常大。但在做任何事情之前，我都会主客观地认真考虑条件是否具备，这样出现什么问题我都不会后悔。孙岩这儿需要我放下，我就一定放下，需要我拿起来，我会毫不犹豫地拿起来。因为我不只是要让孩子一生衣食无忧，而是要让他活得有尊严、有价值。"

有尊严、有价值地做人。正是基于这样一个最为质朴而又高远的出发点，沙彦华十几年来为孙岩的成功之路锻造了坚实厚重的品格基础。

自信来自脚踏实地

应该说，沙彦华对孙岩培养和教育的理念，正与杨峻教授不谋而合，杨教授也非常注重对孙岩心理素质的培养。他觉得，不仅要让孙岩有一个专长，更要让孙岩拥有健康、高尚的心灵。

初入音乐学院附中的孙岩，面对一个全新的陌生环境，心中有许多疑虑。更为令人担心的是，为数不少的老师都对孙岩的演奏持否定态度——“这孩子的演奏有很多‘顽疾’”、“这孩子浑身是毛病”……但是杨峻教授却鼓励孙岩说：

“孙岩，自信对你尤为重要，音乐是听觉艺术，眼睛看不见，但你有一双灵敏的耳朵，你对音乐的理解和感受也很独特。相信经过我们的共同努力，你是可以弹好钢琴的。”

每周四上午，是杨教授给孙岩上课的时间。每到这一天，沙彦华都会给孙岩打扮得衣着更加整洁，早早来到钢琴教室。从一楼走上五楼教室，孙岩总是怀着如同入深山拜师学艺的敬畏之情。这种敬畏，既是对恩师的崇敬和感激，也包含着对艺术的景仰。他首先给杨老师泡好一杯茶，然后安静地等着老师的到来。这样一个微小的细节，杨教授并没有忽略，许多次，杨教授特意在人前赞扬孙岩：

“这孩子挺好的，有教养，心地善良，特别尊敬老师，尊重艺术。”

孙岩对杨教授的感情深厚，非常爱护老师，甚至受不了旁人说一句老师的不是。杨教授经常开玩笑说：“孙岩就是看不见，不然的话，他都能给我当保镖了！”

对于年龄尚幼的孙岩，杨峻教授内心充满了爱护之情，他深知在一个人青少年阶段，为他树立自信尤为重要。由于看不见，弹琴的时候，孙岩总是怕出错，所以从头到脚，每根手指甚至整个身体都很僵硬。琴键与琴键之间那么近，一个不小心就会弹错，孙岩感觉出错就好像一脚滑下深渊一样，非常可怕。出于紧张，孙岩养成了一个习惯——每次弹琴时都要先摸一下琴键，然后才开始弹奏，手指和手臂都在颤抖，后背的肌肉也随之都在抽搐，好像一个受惊的小动物。

杨教授并没有为之焦虑，更不会因此而批评孙岩。他试着去理解孙岩的感受：“这好比一个人闭着眼睛过独木桥。钢琴有那么多键盘，那么多跳跃，睁着眼睛都弹不好，何况是他。”他告诉孙岩，千万不要先去摸琴键才弹琴，这是个很不好的习惯。

为了帮助孙岩摆脱“看不见”所带来的心理负担，杨教授仔细观察他的障碍所在。他发现尤其是在“远跳”动作时，孙岩的手总是发抖，弹奏的声音死板呆滞，于是专门设计了一些针对“远跳”动作的练习方法，帮助孙岩把这个动作变成一种习以为常的应变，克服掉紧张的情绪。

他开导孙岩：“首先思想要放开，要充分相信自己，不会弹错的，只有思想放开了，身体才能放松，这是最基本的要领。”

卸下思想的包袱，让心灵轻装前进。杨峻教授不仅这样告诉学生，自己也是如此身体力行。

杨教授接收孙岩的消息刚刚传开时，很多人问他：“你是在赌博还是在尝试？你有没有想过，教孙岩，如果成功了，你会很好，如果失败了，是不是对你的事业，对你的声望有很大影响？”

杨教授轻轻地笑了。这个问题他不是没有想过，但早已放下了。且不论，教书育人乃是一名教师的天职，单单说那“名声”，自己从事教育事业四十多年，学生遍布天下，有许多都已蜚声世界，成绩早已有目共睹。教授孙岩，成功也罢，失败也罢，受到影响的并不是自己，而是孙岩和他的家庭啊！这才是杨教授真正的压力所在。

他向提问的人如是说：

“我1964年毕业，在澳洲学习了两年，此后从事教学四十多年。直到如今，好像自己才明白了一些东西、把握了一些作品和风格，所以我觉得在教学上，总算是有了点信心。”

只有虚怀若谷的人，才能够真正一步一个脚印地走出基础稳固的道路，也正因为有了这样的脚踏实地，杨峻教授始终举重若轻。

古希腊有个著名学者叫苏格拉底，他教了一帮学生。这一天他的学生毕业了，他要检验一下学生的学习成果，于是他把他的学生带到一片果园旁，然后说：“你们进去摘一只自认为最大的苹果拿出来，我在后门等你们。”

于是他的学生一窝蜂地进了果园，不一会儿，学生们都走了出来，但都两手空空，苏格拉底问：“怎么一只都没摘到呢？”学生们说：“我们一直以为后面有更大的，所以急着往后赶，结果一个也没摘到！”

此时，人群中走出一个学生，他手里拿着一个苹果，苏格拉底问：“他们没摘到，为什么你摘到了呢?”

学生说：“我一进果园就看到了这只苹果，我认为它是最大的，所以我摘了。”这个学生后来成了著名的学者、哲学家，名叫亚里士多德。

杨峻教授教导孙岩：“人生就像摘苹果，要务实，不要好高骛远。”他对孙岩的培育，好像花匠育苗，浇水、捉虫、修剪枝枝叶叶，无微不至地关注着孙岩成长中的每一个细节。他非常善于在生活点滴中，随时发现、教导、纠正孙岩的言谈举止。

有一次上课时，孙岩穿了一件格子衣服，杨老师看到了，就说：“你穿的衣服不像你的所学，有点像唱摇滚的。”他并不是把钢琴艺术推到一个所谓高雅的虚名上，而是认为，一个人的穿着就要符合他所学、所做的专业特点，“穿着格子衣服坐在钢琴旁边有些不大合适”。

另一次孙岩去新加坡演出，恰巧杨老师也在那里出差。杨教授特意到宾馆来看望孙岩，关切地问他是否需要给他一点钱，以备急用时方便。这时电话响了，孙岩拿起听筒随口问道：“你找谁?”放下电话后，杨教授立即纠正孙岩：“你应该说，请问‘你找哪位?’要学会更加有修养。”

杨教授还经常鼓励孙岩参加各种钢琴演奏会和比赛。一

孙岩聆听杨峻教授指导

方面，他鼓励孙岩："你一点不比别人差，要相信自己，别人能够做到的，你也一样能做到。"另一方面，他又经常指点孙岩要去与其他优秀的学生比较，看到自己的不足，找到自己与别人的差距。对孙岩，杨教授经常挂在嘴边的两句话是："多读书，多参加社会活动，培养深厚的文学功底和敏锐的观察力，这样才能更好地理解作品。""顺风不骄，逆风不败。"

在音乐学院附中，由于孙岩年纪尚小，考虑到孩子的理解和接受能力有限，杨峻教授并不愿意对他说太重的话、施加太大的压力；到了大学本科阶段，杨教授对孙岩的"德育”进入“浅浅地教化”；到了硕士阶段，老教授给这个相伴多年、情同父子的学生加大了砝码，无论是在艺术的追求上，还是在做人处事上，他都对孙岩提出了更为严格的要求。

十二年朝夕相处，杨教授身上严格自律、爱憎分明、乐于助人的性格，对孙岩潜移默化，他不知不觉传承了许多杨教授的个性特点。

从日常习惯的点点滴滴到内心世界的情绪、潜意识、心态，杨教授总是用充满包容的耐心、爱心最大限度地给予孙岩成长的空间。他尽力发挥孙岩自身的专长，努力让他不仅能够做到在社会中基本立足，还能充分展示自己的才华，发挥自己的价值。

正是在杨教授的悉心教育下，孙岩基本没有走弯路，始终精神饱满、健康积极地成长着。

专注是取得成功的重要品质

许多学生都非常羡慕孙岩与杨教授亲密无间的师生情。

孙岩的情况特殊，每一位教过他的老师都需要额外付出时间来完成对他的教学，杨教授也并没有什么特别的方法，同样是花费更多时间来弥补这一无法逾越的先天缺陷。给孙岩上课的时候，杨教授往往是“手舞足蹈、声情并茂”。他一边要把谱子唱出来，一边用手拍出节拍；他一时坐在自己的琴凳上示范演奏，一时又起身与孙岩并肩而坐，手把手告诉他手位、强弱；为了体会孙岩无法看见而产生的问题，他有时会闭上双眼，双手摸索着琴键边感受边寻求解决方法；他创造出更多的肢体语言来教孙岩：用手扶住孙岩的肩膀让他感受乐曲的起伏、强弱、快慢，他推送孙岩的身体让他领悟音符的力度、音色的变化，甚至蹲下身，用手握住孙岩的脚让他了解脚在踏板上的力度和律动……

每节课至少要花两个多小时，杨教授往往是讲得口干舌燥、汗流浃背。为了让孙岩尽快赶上其他健全学生的专业水平，无论什么情况，哪怕是刚刚出差回来放下行囊，抑或身体不适，杨教授都从不耽误给孙岩上课。有一次，杨老师的高血压犯了，病得很重，其他所有学生的课都停了，但他还是坚持给孙岩上了课。

杨峻教授还时常带孙岩一起去户外感受自然。只要有机会，他们同行到异地演出或参加社会活动，他总是牵着孙岩的手，不知疲倦地给他讲当地的风土人情和自然景观。杨教授希望用这样的方法，给孙岩增加更多感受乐曲的实际经验。

孙岩也没有辜负杨教授的努力付出。他进步非常快，在各地的演出都是好评如潮。杨教授的教学成果引起了社会的广泛关注，许多媒体竞相报道。而每当记者当面赞扬杨教授的奉献精神、高尚品德时，这位老教授总是淡淡地说：“我喜欢钢琴艺术，喜欢教育事业，我喜欢实实在在地为社会做点事情。”

杨峻教授的心思纯净清明，他所做的一切都只为圆一个盲孩子的梦，让他拥有和所有健康人一样的美好而有价值的人生。这份大爱赋予孙岩，换来的是他同样沉静清澈的内心。在孙岩心目中，杨峻教授就是太阳，他的光芒和温暖，照亮了自己的人生。

杨教授曾给孙岩讲述自己的童年："我从小就失去了父母，很少叫爸爸妈妈，所以每每弹起一些作品，就会触动我内心那根脆弱的心弦。就是这种异样的感伤，恰恰给我的艺术生活带来了很多财富，它让我懂得社会的温暖与复杂，让我懂得了要由衷地去演奏音乐、去对待别人，要为自己营造一片纯净而又广阔的天空。"

这番话深深地启迪了孙岩。他很快就进入了一个安静单纯的状态：专心学琴、练琴。他的世界里，只有音乐，只有为艺术精益求精而努力奋进的脚步。

初秋的正午，一位少年伫立在音乐学院的操场上，微仰着头，闭着双眼。金灿灿的阳光洒在他的脸上、身上。他努力呼吸着，仿佛要把周围一切温暖的气息都吸纳入自己的内心……这是孙岩，他正在按照杨峻教授的吩咐，通过正午的阳光去寻找对一支乐曲的理解。

杨教授从不会批评学生这里不好、那里不够，他更多是通过曲子去训练学生，弥补不足，让学生自己体验和感受到问题，并解决问题。孙岩无法看书，更无法看到这个缤纷的世界，而音乐的世界是包罗万象丰富多彩的，这个局限往往令孙岩对乐曲的理解不得要领。如果无法领悟音乐的内涵，演奏就会变得很机械，音色也会因此而难听。针对这个问题，杨教授给孙岩出了一个题目：怎样去理解巴赫的《恰空舞曲》？

《恰空》是一支古老庄严的三拍子舞曲，早在十六世纪晚期便从墨西哥传入西班牙，随后又在欧洲流传开来。经后世演绎，巴赫的d小调恰空最为有名，被称为《恰空舞曲》，堪称巴赫杰作中的杰作。《恰空舞曲》气势宏大，线条优美，带有宗教意味的神秘庄严，拥有太阳神阿波罗般的强劲力量，又具有神一样独特的孤独意味。

“去听听教堂的钟声。再去正午的太阳底下，感受那份天然的、照在你身上的温暖，体会一下社会对你的那种关爱。”杨教授这样对孙岩说。他知道，有时候语言是苍白无力的，只有真实地体验到、领略到那种情怀，才能真的有所领悟。

老师的一个点拨，令孙岩在黑暗中的苦苦摸索瞬间被照亮，那看不见摸不着的东西，渐渐变得感性而又清晰起来。

正午的校园真美好。阳光和煦地照着大地，万物生灵茁壮成长。不时有音乐声随风飘荡。孙岩努力地抬头，渴望注视那头顶的太阳。阳光洒在他的身上，令他感到温暖，同时全身都麻酥酥的，仿佛一只巨手在轻轻地抚摸着他。“这种感觉应该是金色的吧”，孙岩想。他微微侧耳倾听，初秋清凉的风将操场边的树木吹得哗哗作响，偶尔有几只喜鹊扑棱棱地飞过，留下一串欢快的歌唱。秋叶随着风轻轻飘落，在地面上翻滚、追逐。“即使是那力量无比的阿波罗，也无力阻止生命的循环啊!”孙岩叹息着。远远传来悦耳动听的歌声，夹杂着欢乐的笑声，是刚刚吃过午饭的同学们结伴路过。操场一角，还有一群同学在打篮球，一阵阵叫好声远远传来，“好！又进了！好……”他们矫健、迅捷的跑动声感染了孙岩，他轻轻点着头，微笑着，在心底也由衷地发出一声：好!

是啊，一切都太美好了！从十四岁时随妈妈来到北京求学，带着对音乐学院的向往，开始了艰难的拜师之路，在一年多的等待中，孙岩经历了希望、绝望再到希望的巨大的情感波折。在他心里，音乐学院是一块艺术的圣地，在这里生活和学习的每个人，在孙岩的心目中都具有非凡的气质、非凡的才华、非凡的艺术气息……他多么向往有一天，自己也能够成为他们当中的一员啊！在无比的渴望和艰难等待的焦灼中，是各方人士的大力关怀、杨峻教授的无私接纳改变了一切。此时此刻的孙岩，正是身处在这梦寐以求的天堂！一瞬间，孙岩深深为自己拥有的一切感到幸福，感到满足和快乐。多么美好的一切啊，他感觉自己被无数的、来自不同方向的爱所包围着，温暖极了、光明极了……而心中的那一份激情也被这无边的爱点燃，正熊熊燃烧成一团生命的火。

孙岩几乎是飞奔着回到了琴房。他把刚刚领悟到的所有情感，都化在指尖，任其在乐曲中肆意地流淌着、激荡着……再次上课时，孙岩演奏着饱含自己的一份人生感悟的《恰空》，师徒二人都忍不住流泪了。

“孙岩今天有这么大的进步，与他自己的发奋也是分不开的。除了请公假到海内外演出，在附中的四年里，他没有一次旷课、迟到或早退。在我所有的学生中，他是特别聪明的那一类。一开始接触他时，我只是觉得他能识谱、技巧不错，后来接触多了，觉得他悟性非常高，音乐感觉特别好，他是真心被音乐所感动。他对音乐的理解与我心意相通。比如弹巴赫的《恰空舞曲》，我们俩会一起落泪。肖邦、贝多芬的曲子他都弹奏得特别感人。在我四十多年来教过的学生中，像他这样乐感出色的学生，绝对不超过十个。”

紧紧追随着杨峻教授的教导，孙岩正在努力为自己的音乐梦想营造一片纯净而广阔的天空。

成功需要自我激励

杨峻教授常常鼓励孙岩："你不是不幸，只是不便，你要把这种不便变成特点，来启迪更多的人。"

在努力把自己的"不便"变为"特点"并用以启迪更多人的过程中，孙岩首先学会的是如何自我激励、自我成长。面对命运的不公，父母、家庭和社会教会了孙岩"不抱怨"，不要把生命浪费在无谓的自怜自艾当中，而要以积极的态度去面对、以开放的心态去融入生活，以乐观的热情去寻找实现自我价值的途径。

杨峻教授曾经对媒体说，孙岩在学习上最大的困难是"改错"——因为他需要先摸盲谱熟悉乐曲，把乐谱背熟后再一点点练习；这期间，盲谱上的不准确或错误之处，即使在后期练习时被发现了，也早已烂熟在他的心中，因此纠正起来会比正常人难得多。有时候杨教授实在着急了，会责备孙岩：“你怎么这么固执！”但孙岩从不会为自己找借口或申辩，只是下课用比别人多几倍的时间反复练习。

孙岩向大家分享了“自我激励”的方法：写日记。

“我常常用日记记录自己遭受挫折和取得胜利的过程，日后翻一翻，以便于自我反思。你经历的困难会越来越大，但当你回头看的时候会发现，以前的那点挫折是多么的微不足道。每一段坚持的道路上，我咬牙向前，走一步是一步，坚决不回头。当走到最后，终于可以回头再看的时候，我发现那竟然是一条金子铺就的道路。

“我建议大家不要好高骛远，记得经常回顾一下自己曾经是怎样地一路走来。当你面前出现一堵墙的时候，你是决定绕道呢，还是愚公移山呢？如果绕道出力更小，那当然可行；但如果只有凿山一条路怎么办？你是选择撞墙而死，还是选择愚公移山？如果忘记了自己出发时的初衷或是一路走过来的经历，你可能会觉得眼前的路被彻底堵死了，然后将自己困住。假如此时，能够回头看看，你会看到很多挫折，当初自己就那样过来了，然后重获信心，选择继续前行。克服的苦难越多，你的能力越强，经验肯定会越来越丰富，办法也肯定会越来越多，就会因此觉得，什么都难不倒自己。”

孙岩也在时时注意调整自己的心态，避免自己因为生理的缺陷而陷入孤僻冷漠。

2003年，孙岩随艺术团去波兰和土耳其演出。团里安排一位姓肖的作家跟孙岩同住一个房间。当时正是“伊拉克战争”期间，在伊斯坦布尔演出，时刻都能听到隆隆的炮声，气氛很紧张，让人觉得好像随时都会有一枚炮弹落在自己的头上。这使孙岩感到了恐惧。每次一回到酒店房间，孙岩就立刻把房门紧紧关上，还要牢牢地挂好安全门链。

肖先生发现了这一点，便对孙岩说：“孙岩，我发现你自闭得很厉害！”

自闭？孙岩从来不觉得这个词与自己有关。他不解地问：“为什么？”

“你的不安全意识太明显了。你为什么一进房间门就把锁链挂起来？”

孙岩恍然大悟，便把自己的恐惧跟肖先生解释了一下。“可能因为我是一个盲人，内心还是有很强烈的不安全感吧。”

肖先生建议孙岩尝试着主动跟别人去接触、去沟通，不要把自己封闭起来，遇到坏人的几率毕竟很小。

这番话令孙岩深受启发。从那以后，孙岩开始慢慢调整自己，尽量打开内心世界。孙岩有几百张CD，大多数休闲时间，他都是坐在家中，一张张地欣赏音乐。他觉得自己的特殊情况，很容易给别人增添不必要的麻烦，而且，自己能够认知的世界，恐怕也与别人有很大的不同，即使接触，能够找到的共同语言怕也很少。因为肖老师的一番话，孙岩开始尝试广交朋友。渐渐地，他发现人性里有许多东西都是共通的，无论所学专业是不是相同，也不论各自的生活经历和背景有没有差异，只要有足够的真诚，总能找到彼此心意相通的地方。而孙岩也越来越活跃，因为他发现幽默感在交朋友的过程中可以帮上大忙。孙岩从小就喜欢听评书，到了北京以后他还喜欢听相声，尤喜“侯派”相声。从评书、相声里学到了幽默的段子，他就在茶余饭后讲给同学们听，有时操一口地道的东北口音讲故事，有时搞个小小的恶作剧，有时调皮地给同学取个滑稽的外号……孙岩时常能有一些出人意料的幽默，令大家喷饭。这也让他越来越受到大家的欢迎。

而孙岩最下功夫的，还是自己所学的专业：音乐。他绝大多数的时间和精力都花在了背乐谱、练琴上面。健全人看过书，如果忘记了可以翻出来再看看，但是孙岩不能——假如他想向大家讲述一个生动的故事，就要先把整个故事背诵下来。如果想要更好地表现作品，孙岩首先要过的是背乐谱这一关。

音乐作品浩如烟海。小时候学琴，可以学完一曲再慢慢

摸读盲谱

学习下一曲；但如今作为音乐学院的学生，孙岩不仅需要大量、系统地熟悉和了解古今中外的诸多作品，同时也要在手头随时积累大量的熟练演奏乐曲。在中国，音乐专业领域里，盲谱资源是比较缺乏的。在早年的钢琴学习过程中，孙岩对于乐谱问题的解决办法有许多种：最初是口诵心记；学的曲目渐渐多了，沙彦华就花钱聘请专业人员把曲谱念出来，让孙岩自己用盲文记录成盲谱；后来有了大英盲文图书馆赠送的一百多本盲谱……但如今这些已经无法满足孙岩的学习了。

如何解决这个问题呢？五十多岁的沙彦华，再次为了儿子的学业挺身而出，咬牙亲自学习五线谱。她说："三岁的小娃娃都能学会的五线谱，我五十多岁还能学不会吗？"沙彦华学会了五线谱，这样就可以每天都为孙岩念谱、制作盲谱。帮孙岩念谱的时候，沙彦华非常仔细，不仅要把音符念清楚，还要关注到节拍、左右手的对应等各个细节。有些音符、节拍要落到盲文上，就必须要"量化"，这时母子俩就一起计算——右手已经有了多少音符，剩下的没有音符的是什么……往往是盲文只有几个点点，却是沙彦华算了半天的结果。有时候，沙彦华心脏病犯了，还一边吃着药，一边戴起花镜，拿着笔，耐心地念着、核对着、计算着……这样的情形让孙岩非常心疼，同时也只能以加倍的努力来回报妈妈。

表现一部作品，就好像演员在塑造一个角色，要想把作品的内涵与情绪展示得淋漓尽致，就必须要对乐曲有一个深入的研究和理解，同时还要边练习，边在大脑中整理思路，深化这种理解，最终达到自我与作品的完美融合。

李斯特《第六号匈牙利狂想曲》是孙岩最喜欢的曲子之一，因为这首曲子所反映的主题是在曲折中前进，在前进中遇到曲折，最终走向生命的华彩。孙岩觉得这正象征着他这只折翅的小鸟，在一次一次努力拼搏中，最终飞向理想的蓝天。

这部作品堪称不可多得的精品，在演奏技巧性和表演性上的要求也非常高。它需要演奏者打着十二分的精神，用极其灵活的手臂、手腕和手指动作，在琴键上舞动旋律。第一乐段是黑键居多的演奏段落，手指的跳跃幅度非常大；后半部中又有即兴表演和一连串由和弦或十度音程组成的旋律。对于这些，孙岩都需要凭借非常熟练的感觉来完成。

一开始，孙岩总是把握不好，最大的问题是不能准确地把握琴键的位置而把音弹错。于是他一遍又一遍地反复触摸琴键，一次又一次地用心去寻找那种感觉。每天，他都给自己定下任务，如果完成不好就不休息。

终于，在美国卡内基音乐厅里，孙岩成功演奏了这首曲子，赢得了美国人民的热烈掌声和高度赞扬。杨峻教授当场流着泪对观众说："今天的场面太感人了，孙岩不是不幸的，而是太幸福了！这么多人的爱托起了他的梦，不仅是残疾人，就是健全人艺术家此刻站在这里也会感到幸福无比。"

成功的人生需要规划

经过在中央音乐学院附中五年的学习，2003年，孙岩因成绩优异，被列入保送上大学名单的第一位。

而真正让沙彦华感到幸福、踏实的，还是孙岩的成绩。入学后，在学校组织的第一次考试中，孙岩获得钢琴主课94分、室内乐94分的高分，这是中央音乐学院建校以来从未有过的优异成绩。成绩公布的那一天，沙彦华兴奋得几乎彻夜未眠。儿子被中央领导人接见、在国外演出获奖、被保送上大学，她都没有这样兴奋过。而如今摆在眼前的最为真实的成绩，才真正让沙彦华感到了放心，她多年的付出、追求，终于换来了儿子学有所成，而这也是最为靠得住的能让儿子立足的根本。

从上本科起，孙岩就开始了计划未来的生活方式，他对未来有一个生动的比喻：

"一种圆规式的生活方式，一只脚立足，一只脚旋转。圆圈可以无限扩大，但总得有一个立足点。"

现代社会，人人都在奔波、忙碌，追求很多，但人总得有一个立足的地方。孙岩一直在想，毕业以后，自己一定要有一个生根立命的地方，总是漂泊的话，这个句号画得就不圆满。他希望首先为自己的双脚画上一个"句号"，这个句号向上的光柱有多高、有多粗并不重要，至少要把这个句号先画上，然后再努力去把这个句号画圆画大。

"在当前的社会环境下，要刚刚步入社会的年轻人双脚完全脚跟站稳似乎不太符合时代特征。只有采取圆规式的活动方式——一只脚站稳，另一只脚不停旋转，随着能力的提高，圆圈也就越转越大。如果双脚都站在一点，圆圈怎么能够画得越来越大?

"不同的人画的圆圈也可能有大有小，没关系，因为每个人的角度和发展方向都是不一样的；如果你的圈子永远这么大，那也不行，说明你始终没有进步。所以说最理想的状态就是圈子越来越大，但你始终很稳定，始终有一只脚是站在地上的……”

孙岩的“未来圆规说”，完全是基于他在多年脚踏实地的积累中养成的务实心态。他希望自己能够一只脚在充满养分的土地上深深扎根，而另一只脚却可以无限延伸地画出属于自己的“大圆”。他因此而非常喜欢“人民艺术家”这个称呼。

孙岩始终记得在“十四大”五年辉煌成就展上，他遇到了著名歌唱家才旦卓玛——她来到北京参加“两会”。才旦卓玛拉着孙岩的手介绍自己：“我是才旦卓玛，是唱歌的。”如此朴素的介绍，给孙岩留下了极为深刻的印象，以致日后他从杨峻教授那里逐渐生出成为专业钢琴演奏家的念头后，始终认为自己要做一个“人民的艺术家”，绝不摆出一副高高在上、高不可攀的姿态。

“艺术是从大众中来，也应服务于大众。并不是我比别人优秀，而是别人不像我拥有这么多的机会。大众接受了我，给了我很多荣誉和鼓励，我就要为更多的人演奏。当然，我会踏踏实实地走我的路，因为很可能在未来梦想不能成真，那我也坦然接受。”

在刘诗昆艺术中心里，孙岩经常得到刘诗昆老师的亲自指点。刘老师改编了很多钢琴曲，包括《月亮代表我的心》等。受他的影响，孙岩也开始尝试改编了很多钢琴曲。这个行动也得到了杨峻教授的鼓励和赞扬。

“我的学生中，有这种创造能力、能够写作、能够编曲的人极少，孙岩有这个能力，又有这个兴趣。我听到他弹奏他自己改编的那首美国歌曲《铃儿响叮当》，觉得编得好极了，而且他运用了很多手法，如变换技术类型等。他还改编了很多歌曲，效果都非常好。我们把这种能力叫做即兴能力，就是临时发挥，有这种能力的人，是属于非常聪明的。我记得钢琴家刘诗昆在这方面能力特别强，我觉得孙岩的改编能力也是非常强的。”

一个人的追求和心胸，不仅关乎自己的未来前途，有时候也会对整个社会带来影响。从这个角度来讲，孙岩个人的成长经历，也是对他人的一种激励。杨峻教授对孙岩的培养，还进一步促进了对残疾人的特殊教育理论的开创；而对残疾孩子的教育和培养，又必将促进整个社会的进步。

如此巨大的影响力，是杨峻教授当初也没想到的。受杨教授的影响，又有一些老师承担起了教育残疾孩子的重任。

杨教授经常以孙岩为典型，讲到对残疾人、对整个社会的影响和激励。他经常对健全学生说：“你看孙岩都能做到，你们怎么做不到?”

从1998年到2010年杨峻教授去世，孙岩跟随杨教授学习了整整十二年。一种爱穿越时空，愈久愈浓。在他与恩师的多张合影中，有一幅是最打动人心的——照片上，杨教授亲切地注视着孙岩，眼神中流露出的爱娓娓地向人们讲述着一切。

这张照片是在中央音乐学院拍的。当时中国残疾人艺术团为了答谢杨教授作为艺术团排练的钢琴指导，请邰丽华等演员来学校演出，而中央音乐学院也希望借他们的演出对学生进行激励与教育。当时的场面非常感人，演出后，院长王次炤和杨教授都讲了话。杨教授说："看到这么多残疾人表演出这么高艺术水准的节目，我很感动，许多健全的孩子也应该学习他们的精神。"

如今，虽然杨峻教授已经离开了孙岩，但是，对于自己严格培养出来的这名弟子，他应该是放心的。他曾这样评价自己的学生：

"在考试、打分的时候，我对他没有一点特别的关照，没有考虑过给他加两分，因为我觉得他现在有能力参加所有正常的活动，跟别人一模一样，没必要特殊关照。而且他根本不需要加分，因为他已经很优秀了。比如说室内乐演奏，钢琴要跟大提琴、小提琴或管乐一起合作，有二重奏、三重奏、四重奏、五重奏等等，这是钢琴专业的学生的一门必修课，对孙岩来说就非常困难。我们跟别人合作的时候，可以用眼神，然后用身体的动作，把节奏统一起来，而他看不到，他要跟大提琴、小提琴之间有默契，还要有合作，就完全是靠音乐、靠节奏感。而他却做得很好。所以那次考完了以后，我们系的老教授周广仁先生就对我说：‘哎哟，他室内乐真是太好了，他是怎么练的？你是怎么教的？’她感到非常惊讶。

“我就觉得这个孩子一是能力很强，二是特别要强。只要打定主意做什么事情，他就一定要把这件事情做好，就是不吃不睡也要做好。所以我觉得这个孩子很有潜力，他还有很大的潜力，他现在毕竟还年轻，很年轻……”

是的，一个充满志向的年轻人，一个健康积极的年轻人，一个脚踏实地的年轻人，一个目标远大的年轻人……这样一个年轻人，谁又会为他的未来而担忧呢？

投入是成功的一种境界

“人活着，活的就是一个精神、一个信念。贝多芬、莫扎特等音乐家、艺术家一直活在人们心里，那是因为他们的精神信念的永恒。”这是孙岩在音乐学院里学到的最重要的一课，也是最为宝贵的一课。

从小到大，孙岩不知参加了多少国内、国际的比赛和演出，大大小小的奖项也不知拿了多少。他一直走在充满鲜花和掌声的音乐道路上，聚光灯下的花环，不知给了他多少荣耀。但是，这就是人们所努力追求的成功吗？孙岩对此一直心存疑虑，苦苦思索。

到了音乐学院，为了让孙岩更好地建立自信，杨峻教授也鼓励他经常性地去参加各种钢琴比赛，并且对他说，要相信自己，“不仅能和残疾人比，还要能和健全人比”。通过获奖和荣誉鼓励孙岩的自信，这是杨教授的目的之一，更重要的一点是，他希望孙岩领悟到，不论是比赛还是人心，真正能够赢得它们的，是音乐本身。只有了解到这一点，才能在钢琴专业的道路上越走越远。

2005年，孙岩到日本横滨参加第一届国际残疾人钢琴大赛，那是他第一次参加国际钢琴比赛。杨峻教授对孙岩说：“你的优势是专心致志，社会上不好的东西对你的影响不大，所以到现在你还是很单纯的，而艺术需要的就是一种纯粹的投入。”

参赛的选手总共有112名，来自16个国家。初赛结束后，近百个选手被淘汰了。俄罗斯一名脚微跛的女选手名列第一，孙岩名列第二。

面对多年情同父子的学生，杨教授既希望他能够在这样一个有威望的比赛中体验成功，同时又不敢给他太大的压力。背对着正在练琴的孙岩，杨教授在黑板上默默写下了自己的深情祝福：祝你成功，并用红笔把字一个一个地圈了起来。

杨教授后来在接受记者采访时说：“作为一个老师，我想得挺多：像运动员教练一样，要鼓励他，让他发挥出最好的水准，能够进入最好的状态，又要让他端正态度：既要争取得第一，但同时还要淡化这个东西。如果他一门心思就是第一、第一、第一，头脑中只有‘第一’，没有‘音乐’，那就没意思了。”

“一定要以音乐取胜”，这是杨峻教授传给爱徒的唯一秘诀。所谓以音乐取胜，就是音乐一定要感人，演奏的时候，心里想着的是音乐，身心全部投入到纯粹的音乐当中。杨峻教授对于所有的学生都一贯如此要求。他说：“完整的表演，就是音乐的过程，好像讲一个故事，从故事开始到发展，都要跟着音乐走，一直到故事的结尾……”演奏中不要有多余的东西，夸张的手势、张扬的姿态，这些在杨峻教授那里，是绝对不允许出现的。

杨峻教授说：“毕竟比赛的目的不是为了得‘第一’。你得了‘第一’以后会怎么样呢？你还要弹琴，一辈子都要学弹琴。你为什么要学钢琴？因为你热爱音乐，而且决心一辈子要从事这个职业。如果你只是为了这个目的，那好了，你的目的达到了，一切结束了。真正的比赛中，没有人知道谁能够拿第一，因为你弹得很好，你完成得非常好，但是另外一个人可能弹得比你更精彩。你不可能去控制别人，你只能做好你自己。所以，你就努力去弹好就是了，不要想我要第一、第一，想了也没用。越松弛，越投入，往往效果越好。”

比赛进入了复赛阶段。复赛采取的是单独报名的方式，一共有五十二人。比赛的曲目是把日本民歌《樱花》改编成钢琴曲，并演奏出来，可以自己改编，也可以请他人改编，然后由选手演奏。

第一轮比赛时，孙岩演奏自己改编的钢琴曲《樱花》。演奏在一个比较小的屋子进行，音响不好，声音很难听。而且孙岩明显有点急于求成，太急于表现，演奏也有点过火。坐在台下旁听的杨教授（因为他是孙岩的老师，在演奏的时候不能做评委）异常着急。第一轮比赛后，杨教授马上很严肃地教导他："孙岩，你不能再这么弹，这么弹的话，你就失败了！钢琴要弹得很美，令你激动的这些高潮部分，你都要有所控制，要突出音乐安静的优美的一面。比如说，有一串描写风声的两只手的琶音；你在演奏时很多地方都弹得很重，那个风'哗'的声音，好像吹掉了铁片一样。这个风要轻轻的，像要飘起来的感觉。什么时候都不能离开音乐，离开了音乐，就是在那儿使劲地表演了！"

决赛开始了。选手们摩拳擦掌，进入了决战状态。

主办者希望通过不同国家的选手改编《樱花》这个曲子，体现出参赛者不同的文化背景、民族习惯、传统文化等等，因而不同国家的选手根据对日本民歌《樱花》的不同理解，进行了改编。有十六个国家的选手参赛，因而就出现了五花八门改编的曲子：欧洲选手按照欧洲传统，改编成变奏曲；美国人把它改编成爵士乐；还有的选手把它改编成托卡塔等等。在技术上，各国选手也沿用自己所习惯的东西，几乎是脱离了日本本民族固有的风格。

改编曲目对孙岩来说并不陌生，他对这首《樱花》倾注了大量的心血。他尽量在改编过程中保留日本本民族的风格，同时还融入了许多他自己对作品的把握和理解。

整个演奏过程中，孙岩完全忘记了这是在比赛，而是全身心地投入到对作品的表现中：

阳春三月，粉红的樱花烂漫盛开，多情少年站在樱花丛中与朋友话别。他向朋友挥手，呼喊着他的名字，樱花飞舞，伴随一路。朋友的背影渐渐远去，而笑容却清晰地浮现在他的眼前。他在心中默默祝福，为他祈祷充满光辉的未来……朋友，让我们一起踏上春日的旅途，在观赏樱花的同时，一起感受生命绽放之中流露出的希望与真谛……樱花盛开时间虽然短暂，却能在飘落的瞬间绚烂飞舞，沐浴那耀眼的光芒，直到永远……乐曲在中间段落，将其蕴含的情感推向高潮，曲调也由最初的宁静悠远，变为激昂振奋。悠扬的背后透出一种淡淡的离别的凄凉，还有一种让人心痛的对未来的挑衅，锋芒毕露，仿佛把那些淡淡粉色的樱花堆积成无数的灵魂，最后成就了一个野性而不屈的民族……高潮过后，乐曲又渐渐平静下来。随着思绪的转移，乐曲赋予樱花的内涵在变，乐曲的节奏也在变。乐曲结尾再次回到悠远宁静中，以无尽的美感，表现出一种神韵，轻轻地、静静地，最后一个音符好像越走越远的钟声，在山谷中回响……

孙岩起身谢幕的时候，人们还深深地陶醉在音乐中，好一会儿才回过神来。现场随即爆发出一阵雷鸣般的掌声，许多在场的日本人都流下了激动的泪水。

最终，孙岩获得了冠军！当手握金牌，向观众致意的那一刹，孙岩的泪水夺眶而出。那一刻，他终于领悟到了什么是真正的成功。

第 5 课

常怀感恩之心

大爱创造奇迹——爱别人，也被别人爱，这就是一切，这就是宇宙的法则。为了爱，我们才存在。有爱慰藉的人，无惧于任何事物，任何人。

——彭沙尔

泰戈尔说，爱是理解的别名。经历过苦难的人，必乐于向苦难伸出援手；受到过无私赠予之人，也必能将美好赠予他人；能够将无数次失败、挫折、误解化为成长的人，方能锻造宽厚仁爱的感恩之心。心怀感恩的大爱，照亮自己，也照亮整个世界。

带着艺术漂洋过海

1997年，14岁的孙岩成为中国残疾人艺术团年龄最小的一名团员。在学习之余，孙岩也尽可能地积极参加团里的各种演出。

2000年9月8日至27日，中国残疾人艺术团在邓朴方的率领下，飞越太平洋，在美国博伊西、旧金山、华盛顿、纽约、盐湖城和夏威夷六个城市进行了巡回演出，为美国人民带去了名为“我的梦”的十场大型音乐舞蹈节目，这些演出对向往东方文化的美国人来说堪称盛大的节日。

在临行前的新闻发布会上，以美国CNN电视台为首，包括共同社、美联社、法新社、俄罗斯劳动报、新华社、中国新闻社等五十多家媒体对此次演出班底进行了全面采访。邓朴方的一番话道出了此番演出的灵魂："艺术没有国界，是全人类的共同语言。无论对于健全人还是残疾人，艺术从不挑剔。"

2000年，邓朴方率领中国残疾人艺术团赴美演出，17岁的孙岩有幸随团演出

孙岩有幸随团演出，他要在舞台上演奏世界名曲李斯特的《第六号匈牙利狂想曲》，这支曲子是李斯特以匈牙利和匈牙利吉卜赛人的民歌、民间舞曲为基础进行艺术加工发展而成的，具有鲜明的民族色彩。乐曲结构精炼、乐思丰富活跃，拥有鲜明而质朴的音乐形象，是体现自然美和艺术美完美统一的一部经典之作，因而对于演奏者的要求极高，是一

部演奏难度极大的曲子。

排练的日子里，孙岩成了全团最刻苦的人。由妹妹孙泉引导着，孙岩每天早早便来到剧场的后台，开始了一天的训练。训练中，孙岩时而全神贯注地投入到优美的旋律中，时而停下来思索着一个个手指飞跃的难点。他们离开的时候，剧场往往已经是人去楼空。

9月6日，在飞往博伊西的飞机上，乘务长向全体乘客特别介绍了当天机上的贵客——中国残疾人艺术团的演员们，机舱内立即响起了真诚而热烈的掌声。演出尚未开始，一路上受到的热情接待已经令孙岩深刻感受到艺术团此行的意义至深。出发前江泽民主席就特别发来了贺词，预祝他们访美演出成功，希望艺术团此行能够成为展现华夏文化的艺术之旅和跨越太平洋的友谊之旅。

而大洋彼岸，美国总统克林顿也题写了贺词：

“表演艺术具有唤起我们每个人对生活以及对我们生活的这个世界的更加深刻的理解，具有鼓舞我们自立、激励我们实现自身价值的力量，能提供所有人开发其创造性天赋与能力的渠道。最重要的是，艺术给予我们的力量，超越了语言、文化、种族的不同及残疾所造成的障碍，能使我们理解并尊重人类的多样性以及我们共有的目标与价值。”

“目标”、“价值”……这样的字眼儿给了孙岩无比的力量。是的，自己十几年的勤学苦练，不也正是在苦苦追寻自身的目标和价值吗？而如今，不仅自己小有成就，更重要的是，还能够用自己的表演，给更多的人带来对于目标和价值的思考、启发、鼓舞和力量。一时间，孙岩的心中充满了深深的感激和强大的力量。

9月8日，城市的夜幕已经降临，博伊西莫里森剧场的大幕正徐徐展开——“我的梦”首场演出正式开始！

主持人陈鲁豫一口漂亮英语的精彩亮相，赢得了全场第一次掌声。随着演员一个又一个精彩的表演，掌声一波高过一波。这时，孙岩的耳边响起了主持人充满感情的介绍：

“正在来到我身边的这位盲孩子，叫孙岩。

“先天失明的他，三岁开始就天天在玩具电子琴上摸摸索索。有一天，他突然告诉妈妈：我要给你弹一支曲子，我在广播里听到的。果然，他十分准确地弹出了一首当时十分流行的歌曲《妈妈的吻》。

“不等他弹完，妈妈已经泪流满面了。

“从此，他的一双小手，就再也没有离开过琴键……”

富有节奏的琴声，渐渐淹没了主持人的声音。《第六号匈牙利狂想曲》的乐曲从低沉进入到自由华彩，再到热情明快、充满跃动的吉卜赛舞曲，进而是浪漫抒情、充满装饰音的即兴演奏，直到以恰尔什舞曲的热情、豪放、粗犷为高潮，渐行渐缓，来到了充满力量的收尾……

孙岩与陈鲁豫在美国

两千余人的观众席上，突然爆发出潮水般的热烈掌声、欢呼声……人们纷纷起立，向这位不向命运低头、执著追求理想的少年深深致敬。在掌声和欢呼声中，孙岩仿佛看到了自己终于冲破了命运的束缚，自由伸展着双翅飞向蓝天……

9月10日，艺术团来到美国盐湖城。这座因西北部的大盐湖而得名的城市，是摩门教的大本营。为了表示对艺术团的欢迎，摩门教合唱团特意表演了一场音乐会，当地电视台还进行了现场直播。孙岩获得了巨大殊荣——摩门教教会总部邀请他弹奏主教堂内的管风琴。在摩门教的教义里，主教堂是人们顶礼膜拜的地方，人们在此与耶稣、天堂对话，因而无比神圣。盐湖城摩门教主教堂里的管风琴，是全世界第十二大的琴，通常只能由属于教会的琴师独奏。17 岁的孙岩是自该教堂 1867 年建成以来，第一个被允许弹奏此管风琴的非教会人士。

孙岩认真穿好正装来到教堂。他无法看到眼前的辉煌景象——且不说主教堂庄严宏大的建筑，仅是眼前那由 11623 根音管组成的管风琴，就已经是强烈的视觉震撼。这些金碧辉煌的音管，最高达 9 米多高，像巨大的柱子立在教堂舞台与高大的教堂穹顶之间。而且管风琴弹奏的键盘也比钢琴更精巧，键盘像台阶一样排列成三层。键盘上发出的声音雄厚古老，仿佛从远古时代传来，充满了神秘的力量。孙岩被这琴声深深地震撼了。

这架管风琴的演奏者理查德 · 艾略特带领孙岩熟悉琴键，并为孙岩演奏了一首教堂歌曲作示范。孙岩兴奋地在管风琴上尽情弹奏。教堂里特有的氛围带他进入了另一种音乐情境：在欧洲古老灿烂的文明长河中，在那曾经辉煌绚丽的文艺复兴时期——人类艺术最富生命力的青壮年，各种伟

孙岩在美国摩门教大教堂

大、不朽的艺术作品层出不穷……世界波澜壮阔的文明画卷在孙岩心中一一展开，他感到艺术正在超越宗教、国籍、肢体的界限，无限地延伸着，自己仿佛变成插上了翅膀的使者，用绵薄之力将这样无穷无尽的力量和温暖，从一个国度传递到另一个国度、从一个城市传递到另一个城市、从一个人传递到另一个人的心中！

孙岩和中国残疾人艺术团在美国六个城市的巡演获得了巨大成功。在华盛顿肯尼迪艺术中心，工作人员激动地评价他们的演出："我在这里工作十五年来第一次看到残疾人演出，非常精彩！"美国残疾人协会委员、同是盲人的托马斯认为他们的演出非常成功，他非常钦佩。而在纽约卡内基音乐厅的成功表演赢得了更大的赞许与肯定。纽约卡内基音乐厅被誉为“世界顶级艺术殿堂”，拥有一百多年的历史，各个时代顶尖的古典音乐家、艺术家都以在此演出为荣。时任卡内基音乐厅总裁的斯特恩先生在观看了艺术团的演出后，钦佩地赞许道：“中国残疾人艺术团不仅展现了独特的艺术成就，而且展示了追求多彩人生的精神风貌。如此出色的残疾人艺术家，理应得到人们由衷的尊重和赞誉。”

在旧金山，市长小威利·布朗代表全市民众欢迎中国朋友：“我很荣幸加入到庆祝这些艺术家第一次访问我们美丽城市的活动中，旧金山市赞赏艺术家们为传播友谊和文化交流所作出的贡献；有鉴于此，为了向中国残疾人艺术团所作贡献表示敬意，我，小威利·布朗，旧金山市市长宣布，2000年9月23日为旧金山‘中国残疾人日’！”

正如美国总统肯尼迪所言：“在扫去我们城市的世纪尘埃后，人们能记住我们的，不是在战争或政治斗争中的胜利或失败，而是我们对人类精神的贡献。”

艺术，可以漂洋过海洒向世界不同肤色、不同党派、不同阶层的人们的心中；任何一个角落里，只要有了艺术光芒的照耀，就会变得明亮温暖。孙岩，这个曾被艺术之光照亮的盲人，如今也正在以自己的光芒，去温暖所有人……

美国政府官员亲切接见艺术团成员

孙岩在美国与国际狮子会成员合影留念

孙岩接受美国记者采访

大爱消解不幸

孙岩曾经不止一次地对采访他的记者说："想想阿炳的命运，就会感到我们今天的生活多么幸福。是社会给了我如此宽广的舞台，我没有理由不刻苦努力，充分发挥自己的才能……"

身体的残障并不是最彻底的不幸与黑暗，能够被一个健康、充满关爱的和谐社会接纳和扶助，在最光明、宽广的环境中成长，进而能够有机会充分发挥自己的独特才能，尽现生命的华彩，任何不幸都会被大爱消解于无形。正如联合国社会发展司原司长索卡尔斯基所言："没有残疾的生灵，只有残疾的环境。"

孙岩一路行走，一路与各界具有高洁人格的大师们学习

孙岩与盲人教育家徐白仑合影

拥有“大爱”的做人境界。

早在孙岩到中央音乐学院求学之初，院长王次炤就为接收孙岩入学做了大量的工作。作为国家最高音乐学府，中央音乐学院在招收学员上一贯秉持极其严格的标准。在最高的音乐殿堂里接收孙岩这样一个特殊的学生，这实在是建校以来的一次创举。人们议论纷纷，众口不一，院长王次炤当时承受了很大的压力。但是中国残联工作人员与他商谈此事时说的一句话，成就了他一定乾坤的决心，他们对王院长说：“希望学校能为残联培养人才。”极为简单朴素的一句话，却令王院长感受到了音乐学院的社会责任。孙岩在音乐上的才华已有显露，各方信息也都在说明这个孩子具有卓越的刻苦精神和良好的人品；更为重要的是，能够帮助这样一个孩子真正地步入音乐殿堂，成长为一位成熟的演奏家，将给予社会、给予更多残疾人巨大的希望和力量！同时，把对孙岩这样一个特例的培养经验更为广泛地应用到对其他残疾人的艺术培养当中，无异于又为社会上有才华的残疾人群找到了一条新的出路。一举多得，这个动力无比强大，促使王次炤院长顶着压力，把中央音乐学院的大门向孙岩敞开了；不仅接纳孙岩，并且对孙岩的培养负责到底。中央音乐学院良好的学习环境、浓厚的艺术气氛，是孙岩成长为艺术家的摇篮。

另外一些著名的享誉海内外的音乐家，刘诗昆、郭志鸿、孔祥东、但昭义……都曾在关键时刻助孙岩一臂之力，而他们各不相同的人格魅力，也使孙岩深深领略了不同的大师风采。

早在1997年，孙岩与妈妈孤独无援地来到北京求学期间，刘诗昆和郭志鸿两位大师就对孙岩母子给予了无私的帮助。二人高贵的品格都对当时年仅十四岁的孙岩产生了深刻影响，至今，还有人开玩笑称孙岩为“小刘诗昆”。

2003年，孙岩到中国残疾人艺术团上海基地参加排练，为即将到来的演出做准备，可是基地却没有钢琴，两天没能训练的孙岩一筹莫展。我国著名青年钢琴演奏家孔祥东得知此事后，立即专程从外地飞回上海，把自己的琴房提供给孙岩使用，并且答应在此期间亲自辅导孙岩练琴。

舞台上神采飞扬、激情四溢的孔祥东，生活中却温和儒雅，极具亲和力。孔祥东希望自己的平台可以帮助孙岩创造更多生活的可能性，也让世界看到中国人的钢琴演奏实力和对这门艺术的热爱。他鼓励孙岩说："看不见，是你最大的缺憾，却也是你最大的优势——你的大脑和身体协调性超过了同龄人，当我们面对观众以及各种现实问题而产生紧张等情绪波动时，你却更容易沉浸在音乐的世界里。所以我相信经过未来一年的磨炼，你一定可以有所作为。"

孔祥东言出必行。排练结束不久，他就推荐孙岩去参加次年在澳大利亚举行的悉尼国际钢琴比赛。而很多次，孙岩在各地演出的时候，只要孔祥东知道了，都会嘱人去后台给孙岩送上一束鲜花……

德艺双馨的艺术家为身残志坚的后起之秀搭建成长平台，这一度在音乐界传为佳话。而更多地，在这样的关爱和鼓励中，孙岩感受到了"赠人玫瑰，手有余香"的快乐。

另外一次在深圳的演出，让孙岩有幸结识了被称为"教授冠军"的钢琴教育家、演奏家但昭义先生。依然是因为演出时，中国残疾人艺术团无法找到理想的钢琴。但昭义先生从杨峻教授那里得知此事后，立即从广州把一架价值一百六十万元的世界名琴——斯坦威（Steinway）三角钢琴运到了深圳，为了给这架钢琴调音，但昭义又特意从香港请来一位调琴师。这期间的所有费用，包括十六位专业搬运工人对这架钢琴的昼夜保护，但昭义都自己负担了。观看了孙岩的演出之后，但昭义非常激动，他紧紧握着孙岩的手说：“我这一生听过许多出色钢琴家的演奏，但今天你的演奏是让我最感动的。日本有盲人钢琴演奏家，你是中国自己培育出来的青年盲人钢琴演奏家，值得我们骄傲。”

深圳演出之前，孙岩在排练

第二天，但昭义通知自己在广州开办的钢琴学校停课，特别邀请孙岩为自己的学生们开了一场专场音乐会。但昭义对学生们说：“这是给你们上了一堂难得的思想政治课啊！”

这位出色的教育家，不仅给了孙岩极大的关爱和支持，更令孙岩领悟到“行动的力量”——用自己曾经的经历，去温暖激励更多的人，这正是他回报社会的最好方式。

用爱回报社会

温暖的春风给予冰雪大地一片绿意；和睦的小雨滋润那久旱干渴的幼苗；普照的阳光洒遍每一个黑暗的角落；融融的爱，令这世界生机勃勃……

2003年，一场灾难悄无声息地袭击了中国。“非典”像一张无形的黑暗之网，突如其来而又来势凶猛。3月12日，世界卫生组织向全球发出警告：“非典”已经在中国香港、广东和越南河内蔓延。至6月6日，香港已有1748起诊断病例，死亡284人。“非典”病毒不仅摧毁着人们的健康，猖狂的疫情也同时将恐惧、惊慌的情绪传染给无辜的人们。

面对大规模的疫情，所有艺术团体的演出交流计划都纷纷取消了。早在2002年，中国残疾人艺术团就已经与香港、澳门有关机构约定，于次年6月前往两地演出。2003年5月15日，中国残联理事长刘小成收到了来自港澳方面经过慎重考虑后诚恳写下的邀请信：

“今年社会及经济环境逆转，加上最近非典型性肺炎疫症席卷，令人饱受负面情绪困扰……每位残障艺术家都是逆境自强的好例子，故此决定将该活动以励志为主题，希望在这艰难的日子里给社会大众正面鼓励，透过残障艺术家精湛的表演，令市民有所感悟，在逆境中仍能坚毅不屈，重建积极人生。”

一番恳切的话语，令中国残疾人艺术团对此行感到义不容辞。6月，艺术团如约奔赴澳门、香港两地。香港特别行政区行政长官董建华等出席了这场“励志庆回归”文艺晚会。艺术团的演员们，用自己残障的身体奉献了精彩的演出，每一个节目都在向港澳市民讲述着一个故事：如何以顽强向命运抗争，如何以坚毅向逆境挑战，如何用积极乐观的姿态笑对人生！演出过后，香港同胞们说：“香港现在最缺的就是排除心理阴影的力量。你们带给我们力量，或者说，残疾人带给了健全人更强烈的生命尊严的人格力量!”

6月19日，孙岩和部分艺术团的演员应邀来到香港城市大学参观访问，与学校里的社会工作者和心理学专家、学者以及学校师生们，进行了关于“残疾人自身成长、残疾人与社会发展的关系”问题的座谈。孙岩对在场的社工、大学生们谈起自身的经验：

“经常有人问我，你怎么熟悉一个新环境？我告诉他们，我可以用心把身边的很多信息汇总，所以正常人用眼睛一个器官，我要用三到四个器官，一样的，只不过多付出一点而已。所以我觉得人生就是这样，不管这个人的肉体是否存在于这个世界上，只要他的精神永恒，那么这个人就是伟大的。我们这次来，面对‘非典’，作为残疾人能够向大家奉献的就是一种精神，我们把这种精神带到香港来，与大家共勉。”

艺术团的演出仿佛一片“祥云”——刚刚到达香港进行首演的当天，香港就结束了连绵半个月的阴霾天气；而七场演出结束之后的第二天，世界卫生组织宣布了对香港的“非典”警报解除；在艺术团返回北京的前一天，世界卫生组织又宣布了对北京的“双解”：解除疫区名单和旅游警告。

2005年4月2日是丹麦童话大师安徒生诞辰200周年纪念日，丹麦为此举办了有史以来最为盛大的国际文化年活动，世界135个国家、35个地区直接参与；丹麦总理还从2004年起，逐步亲自任命了来自世界各地不同国家的100位“安徒生亲善大使”，孙岩有幸成为其中之一。

孙岩与丹麦领导人合影

孙岩接受丹麦首相拉斯穆森颁发奖牌

孙岩与波兰亲善大使交谈

与荷兰亲善大使交谈

成为“安徒生亲善大使”需要具备三个条件：要有国际知名度；要有良好的道德品质；还要有较强的亲和力和号召力。孙岩因自己“自强不息的精神和持续不断的艺术追求”而入选，与他一同入选的中国人还有姚明、宋祖英、鞠萍、六小龄童、林桦和王文章六人。作为最年轻也最特殊的“亲善大使”，孙岩得到了丹麦皇后、王子、王妃的热情接见。在这样一个盛大的国际典礼上，孙岩再一次用自己的坚毅乐观精神成为祖国的代表，让爱心和友善远播到了世界每一个角落。

实际上，孙岩并非直到“功成名就”才想到要馈赠他人、回报社会。早在孙岩的童年时期，妈妈沙彦华就经常教育他：“你能够得到今天这些机会，都是因为这个社会对你的宽容、理解和爱护，我们处处得到别人的帮助，要常常在心中怀有感恩，只要有能力，就要尽力地去回报和帮助别人，哪怕只是一点点……”

小学时，少先队组织开展“城乡小伙伴手拉手”互助互学活动，孙岩和九台市其塔木镇其塔木中心小学一年级一班的王小吉、李海龙两个小朋友“拉起了手”。此后，他常常和两个小朋友通信，鼓励他们战胜困难，努力学习。“六一”节，孙岩用自己钢琴比赛获得的300元奖金，委托少先队组织转交给长春市“希望工程”基金会，用以资助面临辍学困境的王小吉继续求学，又为李海龙同学买了书包、磁带及学习用品。1995年，孙岩又向身处逆境的“全国十佳少年”何蓉捐赠了自己的200元比赛奖金。

2007年，一个名叫刘浩的盲孩子，通过中央电视台“成长在线”栏目联系上了孙岩。年仅6岁的刘浩从小学习电子琴，当年2月在一次全国大赛中获得了金奖。但是刘浩的父母却因此而陷入了两难的困境：一方面，孩子获奖了，那能不能说明他在这方面有天赋，可以继续学下去呢？另一方面，刘浩的家庭收入每月不超过一千元，这是一家五口赖以为生的全部费用，对这样一个贫困的家庭而言，在一个盲孩子身上花费昂贵的学费，无异于一个巨大的赌注……刘浩的父母早就听过孙岩和妈妈沙彦华的事迹，他们自然而然地想要向这对母子求教。

一个孩子爱好音乐，是不是就意味着一定要沿着这条路走下去呢？是不是学琴的孩子一定能成为钢琴家呢？实际上，这个问题也是令包括许多健全琴童家长困惑的问题。尽管当时的孙岩正在为4月的长春钢琴音乐会、5月的学校考试和6月的国际比赛而忙得焦头烂额，但他觉得，把自己的经验告诉更多有需要的人也同样重要。

3月17日，孙岩和妈妈沙彦华、杨峻教授共同来到中央电视台“成长在线”栏目演播厅，共同来帮助刘浩的母亲康阿姨。怎样协调能让学习和学琴同步进行呢？在摄像机面前，孙岩讲述着自己一步步的学习经历：

“老师讲课我有盲文书，老师一面讲，我一面摸盲文加深理解；我旁边的同学总会热心地记好笔记借给我课后用。初二以后我在北京上学，没有盲文课本了，就把同学的课本借回家，自制成盲文书……

“如果刘浩可以培养，但至少现在，不要一下子给他太大的压力，对他抱有太大的期望值。练琴特别辛苦，需要各方面的因素相配合。我走到今天，也有很多幸运的成分，比如碰到了杨峻老师，才令我和家人有了继续学习的信心……

“我们要赢得别人的尊重，就要准备比别人付出更多。”

最后，孙岩拿出一本名为《活出美丽》的有声书——这是“非典”期间，中国盲文出版社为了让盲人不感到孤独而特意赶制的。“我把这本书送给你，并送给你一句话：能够拥有幸福是令人幸福的一件事，能够冲破痛苦是令人更为惊叹的一件事。”

小刘浩随着父母回家了。孙岩和杨峻教授都无法预知这个孩子今后的路会是什么样子，他们只能给予刘浩深深的祝福。

与刘浩的短暂接触，让孙岩了解到另一种“帮助”的重要性——他无法替代具体的某个家庭成员，却可以利用自己的号召力和影响力，集结社会资源和力量为那些因残障、生活条件所限而有困难的家庭提供帮助。

早在2006年4月，孙岩参与了希望书库基金会主办的慈善晚会，那次晚会募集善款27.91万元，帮助数十所贫困地区学校建设了希望书库。2007年，孙岩成为“信念人生”慈善拍卖会的发起人之一，与此同时，他也正在筹建“孙岩国际慈善基金会”。2007年1月27日，在北京白石桥新世纪饭店三层世纪大厅，举行了由希望书库基金会主办，孙岩和原文化部长、全国政协常委、全国教科文卫体委员会主席刘忠德共同发起的“信念人生慈善拍卖会”，计划通过募集善款为中国五十所最贫困的学校送去书籍。

孙岩在拍卖会上捐赠了引领他走上音乐之路的第一架电子琴——当年全家月工资加起来只有七八十元，父亲却花了一百多元为儿子买下了这架简易电子琴。三岁的孙岩正是用这架电子琴弹奏出那首感人至深的《妈妈的吻》，从而迈出了走向音乐生涯的第一步。

北京海淀区新干线学校冯校长说：“精神的贫困远比身体的贫困可怕，我要用这架电子琴来激励新干线学校的师生，所以，你们不要再和我竞拍了，我没有钱。拍这架琴也不是个人想要，我想捐给学校……”

联合国契约组织副秘书长、希望书库基金会名誉副会长徐嬿婷当场表示：“我出3万买下这架琴，我也不要。而是将琴赠送给新干线学校，用以彰显人生理想和信念的力量，传承爱心和责任。相信这件特殊的礼物一定能够伴随新干线学校的同学们健康成长，帮助他们勇敢面对每一次挑战，战胜每一个苦难，每天都以崭新的面貌笑对人生，实现对自己、对家庭、对社会、对国家、对民族的责任！”

孙岩捐赠的另一件拍品——他和妈妈共同亲手扎制的盲文钢琴谱《肖邦波兰舞曲》，最终拍得 7 万元。孙岩把拍卖全部收入捐给了北京市希望书库基金会。

2010 年 4 月，上海世博会即将开幕。孙岩在生命阳光馆作为志愿者为观众演奏钢琴。4 月 29 日，时任中共中央总书记、国家主席胡锦涛前往生命阳光馆参观，孙岩第十次“见到”了他。

“总书记是 4 月 29 日 12 时 43 分到的，因为是个特殊的日子，所以时间我记得特别清楚。”孙岩回忆说，“他站在我边上听我演奏了很长时间，然后对我说，和你一样的广大残疾人的坚强，让我们的世博会变得更加精彩，也更加具有不可替代的时代意义。”那一天，胡锦涛一共在生命阳光馆驻足了 7 分钟，其中倾听孙岩的演奏、与他沟通就长达 4 分半钟。

胡锦涛跟孙岩亲切握手，这是他们之间的第十次握手。

“总书记的手很温暖，我当时的感觉就是，我特意给他准备的钢琴曲准备对了。”孙岩回忆说。他是在4月29日凌晨1点左右得知胡锦涛会到生命阳光馆视察的，所以他连夜准备了一首钢琴曲来表达自己的心声。

琴声响起，手指在黑白键盘上左右飞舞，优美、大气、深情的《江山》打动了每一个人。“特意准备的曲子表达出亲民与勤政，我想把我的这种感觉表达给总书记，我猜他会明白我这样的一个普通的残疾人希望国家更强大、政府更高效的心声。”孙岩说，“总书记很欣赏我的演出。”

5月10日，著名音乐家刘诗昆先生来到生命阳光馆，与孙岩共同完成了一曲老约翰·施特劳斯的名作。片断弹奏进行了约3分钟。两人敲下最后一个音符，周围的观众随即掌声雷动。

刘诗昆曾经指导过孙岩弹琴。他说其实自己和这位特殊的弟子有过多次合作的经历，但在生命阳光馆的演奏意义超过了以往的任何一次：“因为这是在世博会的大舞台上，向世界展示中国残疾人的自信、才华，传递宝贵的人文主义精神。”

孙岩说：“我坚持在生命阳光馆里为游客弹奏钢琴曲，一直弹到世博会闭幕。因为我希望通过这种努力让残疾人不放弃对于生活的希望和热情。”

以爱还爱，孙岩正在以自己的实际行动，一点一滴地把爱和光明回馈给社会。

用行动感念师恩

生命的成长里饱含着求索的智慧。

在痛苦中磨炼坚韧，赢得充盈的力量；在仇恨中学会忘记，赢得身心的轻松；在利益面前懂得放手，赢得心灵的升华；在选择的时候敢于牺牲，赢得自我的超脱；在平凡中体会温暖，赢得生命的明媚；在拥有时心怀感恩，赢得生命的富有……

逆境中成长的孙岩，越来越深刻地体会到，一个身体的缺陷背后，上天同时也给予他太多太多功课和机遇。他何其不幸，生而陷入黑暗；然而他又何其有幸，每个台阶、每一次飞跃，都有那么多人无私地向他伸出援手。攀爬上一个又一个的人生高度，孙岩最想说的话是“感恩”，而他学会的最多的功课也正是“如何感恩”。

如今的孙岩不仅仅是难得一见的钢琴专业盲人硕士生，更是全国首位具备专业资格证书的盲人钢琴演奏家。孙岩不仅用自己的坚韧与顽强赢得了荣誉，更学会了如何感恩、回馈社会。

六岁起教授过他的一位位恩师，孙岩始终在心中深深地挂念着。

孙岩说，张立文老师为他开启了音乐之门，让他的人生从此不再寂寞；刘尚焜教授让他在人生字典里找到追求——跟刘教授学习以后，孙岩有了明确的想法，敢于追求了；杨峻教授则是一个让孙岩创造梦想的人，让他走进艺术殿堂，并引领他真正走上了钢琴表演艺术家的道路。

从张立文老师到硕士阶段最后一个老师吴迎教授，孙岩一路的成长与他们毫无保留的慷慨传授密不可分。这些老师的一个共同特点就是尽可能多的教授孙岩——别的孩子一小时一堂课，孙岩的一堂课往往是一下午；别的学生只需要一个眼神、一个动作的点拨，对孙岩老师们却耳提面命，手握着手、不断地用肢体的碰触来让他了解一个动作要领；别的学生练习一支乐曲，对于乐曲中表达的相关文化、建筑、自然乃至想象，都可以自己去日常生活中观察了解，对于孙岩，老师们则需要长时间的讲解、描绘，以弥补他看不到的空白。每一位老师，都牺牲了自己许许多多的休息时间来教授孙岩。这些老师们从没想过："孙岩以后不跟我了，怎么办呢？我的心血会白白浪费吗……"从最初的张立文老师，对于孙岩的同情接纳，逐渐变成了对孙岩的天赋和勤奋的珍惜，直到后来，刘尚焜教授、杨峻教授和吴迎教授，每一位老师都是被孙岩那份异常的勤奋刻苦精神所打动，他们从不因为孙岩身有残疾而轻易地报以同情怜悯，反而一次次更加严格地要求孙岩更加精进，不容他有丝毫的疏忽懈怠。这是因为，为人师表的他们更深深地知道，艺术，对谁来说都永远是平等的，容不得半点特殊。这真是孙岩的最大幸运，他遇上的诸位师长，都是同样的严谨敬业、认真对待人生、执著追求艺术的人。正是在他们身上，孙岩除了学到日益精湛的钢琴造诣，也在不断学习他们的高贵做人品质。"名师出高徒"，孙岩今日能够站在一个艺术的高峰，正是往昔几位恩师的辛勤汗水所育。

孙岩始终记得与张立文老师的告别。那时吉林省艺术学院的刘尚焜老师已经同意接收孙岩做学生，妈妈沙彦华来到张立文所在的吉林省戏曲学校，几番挣扎，沙彦华嗫嚅着对张老师说：

“我们为孙岩找了新的钢琴老师……是刘尚焜教授……”

“刘老师要肯教那更好了……”张立文使劲吸着烟，好一会儿才哽咽着说：“孩子就像一块石头，已经在我手里焐热了，我们已经建立了感情……”

一番朴实的话，让沙彦华感激涕零，无言以报。

然而大恩不言谢。沙彦华告诉孙岩，把感激的话语收起来，用实际行动回报恩师。

三年后，孙岩在远南运动会上载誉归来。沙彦华不忘让孙岩去拜谢启蒙恩师张立文。质朴的张立文却由衷地说：“幸亏孙岩走了，不然孙岩在我手里达不到这个高度……”老人朴实厚道的一番话，感动在场所有人。也令孙岩懂得了一个道理：真诚的帮助从来不图回报。

孙岩始终将老人奉为恩师，每年回到家乡，他都要专门去为老师演奏一曲，用自己无止境的艺术追求与进步，用自己的音乐向恩师传达感激之情。

2007年4月，在《中华儿女》杂志社的倡议下，由长春市文化局、长春市教育局、长春市广播电视局、共青团长春市委、长春市残联、长春电视台、新文化报社、长春交通之声广播电台等多方共同承办协办的一场孙岩专场钢琴音乐会拉开了帷幕。这场音乐会被命名为“孙岩·点亮心灯”，举办地点在吉林省宾馆礼堂。

与家乡阔别十年，孙岩满载着自己用卓绝刻苦赢得的荣誉和尊重归来了！2006年北京市希望书库成立“孙岩国际慈善基金会”后，他首先想到的就是回到家乡，向家乡父老汇报自己十年的成长历程。是这个美丽宽广的“春城”，育化了今日的拳拳赤子；是这里热情无私的乡亲，托起了孙岩艺术追求的梦想；是家乡这个充满大爱的舞台，一步步激励着孙岩的成长、奋进，直至步入音乐圣殿。《中华儿女》杂志社特为这场音乐会策划承办了孙岩“点亮心灯”大型图片展，展览分别由“刻苦卓绝、穿越低声”、“爱心点灯、琴心涌动”、“以爱还爱、爱心永存”、“东方娇子、梦撼五洲”、“明亮孙岩、锦绣年华”五部分组成，100多张真实的图片，如歌如诉地讲述了孙岩成长道路上的点点滴滴。家乡的人们用更为热情、温暖的怀抱迎接着孙岩的归来。孙岩的母校、西五马路小学的校长、老师和同学们来到图片展现场迎接孙岩，面对昔日师长和今日可爱动人的小校友们，孙岩感慨万千，热泪盈眶。“家乡的父老们，谢谢你们，始终用这般真挚的热情温暖着我、鼓励着我！”孙岩在心中，默默地祝福着他们。

所有的感动、所有的激情都汇于指尖，伴随着孙岩的琴声缓缓流淌……莫扎特那富于东方色彩、波澜雄壮的《土耳其进行曲》；肖邦那灿烂雄浑、热情豪放的《波兰舞曲》和缥缈神秘、朦胧静谧的《夜曲》；李斯特那精妙绝伦、跌宕起伏的《匈牙利第六狂想曲》；还有孙岩自己改编的娓娓动人、轻声诉说的《月亮代表我的心》……孙岩一曲接一曲地忘情演奏着。

台下，如潮的掌声一次次响起。

沙彦华此时心潮起伏，思绪万千。十年前毅然只身一人带着儿子离开家乡求学，一路风风雨雨，这是一段多么艰难坎坷的路；而望着台上的儿子，仿佛一夜之间，从那个三岁时用玩具琴摸索着弹奏《妈妈的吻》的幼童，长成如今在舞台上沉着洗练、孜孜不倦地追求、艺术造诣渐趋纯熟的演奏家，这一路的艰辛付出又是多么值得啊！

观众席上，孙岩往昔的三位恩师——张立文、刘尚焜、杨峻，今天也齐聚一堂。三位长者既是孙岩的恩师，也是他的慈父。随着一支支乐曲的演奏，往昔与孙岩手把手、肩并肩的课堂情景历历在目。每一个音符、每一个乐段里，都包含了三位老人多少次的教导和叮咛……孙岩长大了、成材了！这是对他们最大、最深的回报！

舞台上灯光渐渐朦胧，伴着《摇篮曲》如水般的浅吟低唱，孙岩为家乡父老和所有关爱、帮助、鼓励着他的人们送上了自己写作的音乐小诗：

摇篮

是一个孩子梦想开始的地方

小小的摇篮啊

在母亲的手里摇荡荡，荡摇摇

它就像一个心形的荷包

母亲会让她的孩子

在这样一个温暖的环境里成长

一直长到将祖国报效

感谢您慈祥的妈妈

感谢您亲爱的恩师

感谢您我的家乡父老

感谢你伟大的祖国……

后记 你为平凡做好准备了吗?

世情百态，因为科技的发达、新媒体的日益强大而更加贴近地呈现于每个人身边。普通人，渐渐可以不再默默无闻。《中国周刊》杂志总编辑朱学东说，“社会化媒体打破了层层界限，让人与人之间、人与世界之间的沟通和交流更加方便”。这个世界里，越来越多地充满了嘈杂的声音。可是声音太多了，却越发充耳不闻，因为麻木了、习惯了。日子就那么一天天地过去了，我们依然不过是普通人。

年初，一位年轻的小友，偶然而随心地在微博上发了一句话：

“在这寒冷的冬天里，种下的小草居然发芽了，现在意外之喜越来越少了，心情不错”。

她击中了我。许许多多普通人，都在那么努力地挣脱自己单调平常的外衣，却不能真实地为自己的生活涂抹一点新鲜的绿。

这让我想起第一次见到孙岩，那是在冬天，他的办公室很阔大，靠窗的位置，放着一架三角钢琴。孙岩坐在另一面落地窗前的沙发上，冬日特有的斜阳在他背后射出一片剪影。当时的第一眼，我看到的是一个剪影。而在我最初的写作中，孙岩的形象也一直像一个剪影——从小到大被媒体追逐报道的、多年来有着大大小小各种光环的、一个带着鲜明的励志色彩的剪影。

我在孙岩身边坐下后，他并没有立即要开始采访。他问我：“你喝什么？我给你泡茶好不好？”我表示随意不要费心之后，他微笑说，我泡一种茶给你喝。他拿着水壶，起身到饮水机接水，又放在插电底座上，按下按钮。壶里的水开始发出加热的响声，孙岩从一个漂亮精致的铁皮桶里，把色泽缤纷的花果茶倒进茶碗。水开了，他把沸腾的热水倒入茶碗，轻轻挪到我面前说：“你尝尝，应该会喜欢。”我啜了一口，酸甜，爽利，好喝。眼前的剪影，渐渐变得清晰而生动，这是一个心中充满了爱、全身心投入生活的年轻人。孙岩侃侃而谈，聊他在音乐学院的同学、师长，聊他在广播里听来的笑话段子，聊他在生活中遭遇的困惑与迷茫，聊他在音乐上的追求和努力……我惊奇，一个盲人，看不见这个世界，却能够如此丰富地感知这个世界。我问孙岩怎么获得如此多的信息呢？孙岩说：“我靠听啊。在饭馆吃饭的时候，我的耳朵就帮我捕捉到了别人闲聊的信息，听评书的时候，也是我的耳朵，帮我感触大千世界。”这是真正的聆听。很多健全的人，早已把“聆听”这个功能退化了，一味要求旁人听到自己、看到自己，却很少去聆听周围的一切，包括聆听自己的内心。

2012年9月，孙岩打电话告诉我：“我复明手术已经订好了，大致就在10月份进行”。这是个迟来了二十几年的手术，拖到今天，手术有可能让孙岩重见光明，但同样有一半的几率是孙岩那一只仅仅还能有一点微弱光感的眼睛彻底陷入黑暗。这个决定做出之前，孙岩的家人、朋友乃至身边各种关心孙岩的人，都不同程度地表达着自己的担忧。

在一个深夜，孙岩独自坐在电视机前，听着一场音乐会。奥地利音乐家卡拉扬的指挥棒在屏幕上热情挥舞，仿佛暗夜中脆弱而孤单的烛火，闪闪烁烁地，在孙岩的眼前划过。孙岩来不及捕捉，有时他那只有微弱光感的眼睛，会突然发现一丝微光，即刻便如天边的流萤般熄灭了。他拿起电话拨通了一位朋友，只说了一句话：“能看见真好……”

朋友们支持着孙岩，他们甚至协助孙岩搞了一场“告别黑暗”的音乐会，许戈辉担纲主持，许多著名的老艺术家为他捧场，更难得的是，有许多艺术团的小朋友和小观众们到场。孙岩一直希望通过自己的故事，让小孩子们能找到自己的追求，按着自己的意愿成长。

北医三院的洪晶教授是孙岩复明手术的主治医生。一开始，洪教授并不了解孙岩是做什么的，只是把他当作许多例复明患者中的一位。音乐会上，她被邀请上台发言。结束以后，她对孙岩说：“我不知道原来你在做这么有意义的事情。我帮助你一个人复明，日后可能会间接帮助到千千万万个失明的孩子找到人生的方向。我们一定要找到更好、更年轻的角膜，帮你移植。”

2012 年 11 月去见孙岩的时候，他已经出院。我问他眼睛的状态，他给了我一个生动的形容：“它还是一双小孩的眼睛，正在跟我磨合。我的大脑认识‘钢琴’，眼睛却还不认得……”

很多美好的祝愿，一时竟说不出口。作为一个平凡的普通人，孙岩的人生才刚刚开始。正如他一直在对我表达的：“我不是一个范例。作为盲人，我成为了钢琴演奏家，但并不意味着所有的盲人都能够依照我的模式走这样一条路。对于钢琴，最初我是‘不得不’学；学了之后，渐渐地受到各种奖项和演出的鼓励，开始变成了‘喜欢’学；当我被保送上了大学、研究生，我开始意识到许多双眼睛在看着我，我的成长开始肩负着更多社会责任，同时它也变成了一种压力，又使我与钢琴的关系变成了‘不得不’。但是，我正在走向人生的第四个阶段，我渴望亲自实践走通一条路，亲自引领更多残疾孩子的家庭观念，由抛弃变为思索，也渴望帮助更多孩子找到梦想，按照自己的意愿有个性地成长。‘复明’如果成功了，我将会多一份‘主动’，让我更加直接地投入到承担责任的角色中去，这是在这个阶段，我要做的事。”

孙岩的“5堂课”写完了，但他的故事却刚刚开始了一个新的篇章。他正在努力用一颗平常心去为“平凡”做准备，像社会中大多数人一样，不追求虚浮的成功，不奢望额外的物质，更不被徒有其表的名声所累，而是用真实的一颗心，积极、诚恳、勤奋地付出努力，承担责任。

孙岩，明天会更好！

（除署名外，本书照片均出自孙岩家庭相册）

海纳百川，有容乃大

连续二十多年，我都在这样一个巨大的存在中，在这样人迹罕至的生命体验中，在这样晨昏交替的静默宿命中，在这样物我两忘的专注和坚守中，弹奏着关于青春，关于心灵，关于河山，关于岁月，关于生活，关于永恒的歌。

——孙岩